TRAITÉ PRATIQUE

DES

ÉMAUX PHOTOGRAPHIQUES

ECCE LABORA ET NOLI CONTRISTARI

BIBLIOTHÈQUE PHOTOGRAPHIQUE

TRAITÉ PRATIQUE DES ÉMAUX PHOTOGRAPHIQUES

SECRETS, TOURS DE MAINS, FORMULES

A L'USAGE DU

PHOTOGRAPHE ÉMAILLEUR SUR PLAQUES ET SUR PORCELAINE

Par GEYMET

Troisième édition entièrement refondue.

PARIS

GAUTHIER-VILLARS, IMPRIMEUR-LIBRAIRE

DU BUREAU DES LONGITUDES, DE L'ÉCOLE POLYTECHNIQUE

Quai des Augustins, 55

1885

PRÉFACE

DE LA TROISIÈME ÉDITION.

Les premières éditions de ce Traité ont été promptement épuisées. Nous le réimprimons aujourd'hui pour satisfaire aux demandes qui nous sont adressées chaque jour.

Trois mille démonstrations, faites dans notre laboratoire, aux photographes et aux amateurs de tous les pays, ont fixé la valeur du procédé.

Nous avons tenu compte des observations qui nous ont été faites par ceux qui avaient profité de nos premiers travaux.

Cette édition sera donc plus complète.

Nous expliquerons en détail la fabrication de la plaque d'émail, telle qu'elle est pratiquée par les ouvriers que nous employons et qui travaillent sous notre direction.

Nous donnerons des indications précises sur

le coloris et sur l'emploi des couleurs vitrifiables appliquées à l'aide du putois. Nous engageons le lecteur à porter son attention sur les explications qui se rapportent à la décoration de la porcelaine. Jusques à ce jour, rien n'a été écrit sur cette matière importante au point de vue de l'industrie.

La voie pratique dans laquelle nous conduirons l'opérateur est aussi sûre que celle que nous avons indiquée pour l'émail.

Le même fourneau nous servira, et chacun pourra décorer à sa guise un service complet en porcelaine.

Il suffira d'employer des poudres un peu moins fusibles, et de modifier la méthode du transport.

GEYMET.

INTRODUCTION.

Ce livre n'est pas, à proprement dire, un ouvrage scientifique, mais un *Traité pratique*; il ne faut donc pas y chercher de détails minutieux sur l'art de l'émailleur, sur l'importance de la Céramique, etc.

Nous nous tairons sur l'origine du verre et de l'émail, et nous saluerons, simplement en passant, les noms de Lucca de la Robbia, de Bernard de Palissy, de Bollger, de Wegwood.

Quant aux considérations scientifiques ou historiques, nous le répétons, elles sont absentes de ce volume; il s'adresse à ceux qui veulent agir par eux-mêmes.

Si donc vous voulez, pour vous distraire ou pour tout autre motif, mener à bonne fin les émaux photographiques, employez les formules que nous donnons, et vous verrez que ce travail intéressant ne présente aucune difficulté bien sérieuse.

Soyez persuadés d'avance que ces opérations toutes mécaniques peuvent être, en fin de compte, exécutées par tout le monde avec un peu d'adresse et de goût.

Tracer une image d'une finesse exquise avec un blaireau, qui n'est pas le pinceau de l'artiste, à l'aide de poudre vitrifiable, sur une glace qui a été exposée quelques secondes à la lumière, reprendre cette poudre sur une pellicule de collodion, transporter le tout sur une plaque émaillée; détruire le collodion sans troubler l'image que rien ou presque rien ne fixe, laver la poudre d'émail dans plusieurs cuvettes pleines d'eau, porter enfin la plaque dans la moufle et retirer du feu une épreuve incandescente d'une finesse exquise : voilà, ce semble, des opérations bien délicates. Eh bien! non. Tout ce travail est simple.

Il a fallu certainement de l'imagination et de la patience pour amener ce résultat. Le premier émail ne s'est pas fait tout seul, mais la route est frayée, et nous n'avons plus qu'à la suivre.

Si vous lisez attentivement ce livre et si vous le suivez dans la pratique, vous arriverez à des réussites régulières, à condition d'avoir de bons clichés et surtout de bons positifs. Nous parlerons en son temps du cliché positif, c'est sur lui que tout repose.

Il ne faut pas confondre l'art avec la photographie; vous n'avez pas besoin d'être un artiste habile pour exécuter un émail parfait, il suffit que vous soyez un opérateur adroit.

La chimie a combiné d'avance les réactions, et chacun pourra, avec un peu de goût et de patience, et après quelques essais, obtenir des résultats excellents.

En photographie, l'imagination n'est pas en jeu quand on ne veut suivre que les sentiers déjà parcourus. Il faut une certaine habileté pour donner une pose naturelle et gracieuse au modèle, pour choisir un site bien éclairé ([1]). On doit, en outre, connaître la valeur des ombres et posséder une connaissance au moins superficielle des produits et des mélanges que l'on emploie; aussitôt que vous êtes à même de juger de l'opacité requise pour faire un bon cliché, il ne reste plus rien à apprendre : vous êtes maître dans la partie. Tout le reste est mécanisme, et les réactions qui vous étonnent se produisent malgré vous ou plutôt sans votre coopération : c'est le cœur qui bat indépendam-

([1]) Consulter, à ce sujet, ROBINSON, *De l'effet artistique en photographie.* (Paris, Gauthier-Villars.)

ment, de votre volonté, c'est la cristallisation qui se forme dans la capsule sous vos yeux, mais qui ne réclame pas vos soins, les lois d'attraction suffisent.

Nous n'avons pas toutefois l'intention de dénigrer la Photographie ni ceux qui s'en occupent. Bien au contraire, cette belle invention rend aujourd'hui des services immenses. Elle procure des satisfactions nombreuses, tout en produisant des œuvres d'une beauté incontestable.

Ce que nous voulons dire simplement, c'est que le premier venu, après avoir quelque temps pratiqué, peut devenir dans cette partie aussi habile que l'artiste le plus consommé : car, s'il se sert de l'objectif, l'artiste abdique la royauté de l'art, et il ne saurait recevoir d'autre titre que celui de photographe.

Nous écrivons ce préambule pour arriver à cette conclusion pratique : c'est que la photographie, dont les applications n'ont plus de limites, devrait être connue de tout le monde. On devrait l'enseigner d'une manière pratique dans tous les établissements d'instruction. Il faut du temps pour former un bon dessinateur, et au bout de quelques semaines vous obtenez un excellent photographe. Aussi nous voudrions que l'objectif et le crayon allassent de pair, se complétant l'un par l'autre.

L'émail est certainement une des parties les plus intéressantes de la photographie. Il a un grand avantage sur les productions de ce genre : l'inaltérabilité.

Toutes les épreuves aux sels d'argent de ce siècle qui a vu naître la découverte de Daguerre, seront promptement anéanties; mais les résultats donnés par l'héliographie et l'émail sont à l'abri de toute altération.

C'est la vraie voie dans laquelle l'amateur et le photographe doivent s'engager : de là, la nécessité de montrer un chemin facile. Nous désirons livrer à la connaissance de tous cette partie intéressante de la photographie qui est le secret d'un petit nombre. Jusqu'à ce jour, on a plus d'une fois donné au public une théorie peu claire, et on s'est toujours tu sur les petits moyens, sur les *tours de main*, qui, dans de pareils travaux, constituent le procédé et sans lesquels il n'est pas possible de réussir.

Nous ne parlerons que de l'émail. On trouvera chez notre éditeur nos divers Traités relatifs aux épreuves inaltérables, ainsi que la *Céramique Photographique*, qui est le complément de ces premières études, et qui ouvre un champ plus vaste aux émailleurs et aux décorateurs sur porcelaine.

Si les anciens avaient été maîtres de ce procédé, il n'aurait pas été si difficile de reconstituer l'histoire. Les médailles à moitié dévorées par la rouille ont sauvé le nom de bien des grands hommes; les traits sont altérés, toutefois le souvenir reste, mais l'émail nous aurait donné la ressemblance parfaite et la date précise.

Voyez les tableaux des maîtres; le feu en a détruit un grand nombre; le temps, sans parler des retouches qu'on leur a infligées trop souvent, a déjà altéré ceux qui remontent à une époque trop lointaine. Les vitraux de nos églises, au contraire, ont gardé inaltérables le trait et la couleur que l'artiste a fixés sur la matière vitrifiable. Les vieux médaillons émaillés des châsses et des coffrets du moyen âge n'ont rien perdu de leur fraîcheur, et attestent des avantages immenses offerts par un produit inaltérable.

Il était difficile et à la portée d'un petit nombre, avant ce siècle, de reproduire et de fixer par le feu les traits d'un personnage historique et de mettre ainsi ce document à l'abri de la destruction. Ceux mêmes qui peignaient sur l'émail étaient peu habiles en général dans ce genre de travail.

En réalité, ils ne s'occupaient que de l'éclat des couleurs et de l'ensemble plus ou moins harmonieux du dessin; ils ne devaient pas compter sur les demi-tons, aussi ne s'arrêtaient-ils pas aux détails.

Du reste, l'artiste verrier ne pouvait pas prétendre au portrait; il n'était pas habitué à cette précision de lignes nécessaire à la ressemblance. Aussi la peinture à l'huile avait-elle arrêté, au moyen âge, l'essor de l'émail et s'était mise à sa place.

Aujourd'hui, grâce à la photographie, la question a changé, on peut fixer sans effort et même sans talent sur la matière vitrifiable, contre laquelle le feu ni le temps ne peuvent rien, les portraits les plus ressemblants.

La peinture à l'huile, plus habile jusqu'ici à fondre les couleurs, avait, comme nous l'avons dit, arrêté l'essor de l'émail, mais ce dernier prend sa revanche. Il égale aujourd'hui, par le fini et par le fondu des demi-teintes, les produits de sa sœur cadette et la surpasse à son tour, comme autrefois, par l'éclat des couleurs et par l'inaltérabilité de ses produits.

Nous devons donc nous féliciter que, à l'aide

de la photographie, l'émail se soit remis au niveau de la peinture à l'huile dans le vitrail et dans le portrait, et qu'il trouve dès maintenant des applications industrielles très nombreuses. Il est facile par ce moyen de décorer la céramique, et d'habiles opérateurs ont déjà recouvert de reproductions photographiques d'innombrables porcelaines.

Les avantages que l'art et l'industrie peuvent retirer de ce procédé sont, comme on peut en juger, très importants, et nous nous étonnons que l'émail photographique n'ait pas encore des partisans plus nombreux. Si c'est par l'ignorance des moyens que ce fait anormal se produit, ce petit Traité deviendra fort utile. Nous l'écrivons, il faut le dire, sur des demandes multiples, et nous croyons à son opportunité.

La photographie, réduite à l'impression aux sels d'argent, ne suffit plus pour soutenir les nombreuses familles dont le chef s'est voué à ce travail. Pour employer une expression d'une énergique vulgarité : elle ne nourrit plus son homme. Nous dirons donc aux praticiens que la concurrence écrase et qui ne peuvent plus en supporter les atteintes : Changez de voie, décorez des porcelaines, et si vous êtes des premiers à exploiter cette branche industrielle, vous aurez à vous en louer plus tard. Vous n'avez pas à vous occuper de la vitrification de vos dessins; il existe dans Paris et dans beaucoup d'autres endroits des fours qui seront mis à votre disposition deux fois par semaine, et l'on y surveillera pour vous la cuisson des pièces que vous y aurez portées. On peut, du reste, faire cuire la porcelaine dans le four à émail.

Sans autre préambule, nous entrons dans la partie pratique et nous allons décrire, avec la plus grande clarté possible, chaque opération, en indiquant ce qu'il faut faire et surtout ce qu'il importe d'éviter.

Nous prévenons le lecteur qu'il ne doit pas se préoccuper de tout ce qu'on pourra lui dire, des objections qu'on fera peut-être à la manière de procéder que nous expliquons, sous prétexte que tel ou tel opère différemment. Il est clair que tous les chemins ne mènent pas au but (1); mais il est certain, d'autre part, qu'on peut arriver au même point en suivant des voies diverses.

(1) C'est ainsi que nous n'hésitons pas à rendre justice aux excellents résultats obtenus par un opérateur qui emploie souvent des procédés très différents des nôtres, M. Godard. On pourra consulter avec fruit le Chapitre X de son *Traité pratique de Peinture et Dorure sur verre*. (Paris, Gauthier-Villars.)

Suivez donc la méthode que nous vous proposons; elle réussit chaque jour dans nos mains et nous vous promettons le même succès. De toutes les productions photographiques, l'épreuve sur émail est celle qui réclame et qui atteint la plus grande perfection.

Rien ne peut être comparé au fini et à la délicatesse des portraits vitrifiés. Le feu assouplit les lignes, fond les demi-teintes, et, avec son concours, on crée des miniatures qui peuvent supporter l'examen à la loupe.

Mais, pour atteindre ces résultats, il faut avoir sous la main un excellent objectif qui ne déforme pas les traits et qui puisse, avec une grande rapidité, donner à l'ensemble du portrait une finesse hors ligne.

M. Darlot, qui, depuis plusieurs années, a opéré un revirement complet dans l'optique photographique, et qui peut lutter avec les opticiens anglais et allemands, nous a combiné, en vue de l'émail, un excellent quart de plaque à vannes et à court foyer que nous avons adopté et qui doit satisfaire les plus difficiles.

TRAITÉ PRATIQUE

DES

ÉMAUX PHOTOGRAPHIQUES

CHAPITRE PREMIER.

Préparation du collodion sensible.

Le collodion dont nous allons nous servir n'a aucun rapport avec le liquide du même nom qu'on emploie dans la photographie ordinaire. Il n'a qu'un point commun avec ce dernier, la sensibilité. Cette sensibilité même repose sur une théorie toute différente.

En effet dans les procédés au sel d'argent, en admettant la théorie probable, la lumière décompose l'iodure d'argent et prépare la réduction du métal; cette réduction est complétée par l'action du bain de fer ou de l'acide pyrogallique.

Dans le travail préparatoire qui doit nous amener l'émail, nous décomposons le bichromate d'ammoniaque incorporé à une matière organique, non pas pour utiliser directement cette décomposition, mais pour tirer parti d'un phénomène résultant d'une rupture d'équilibre, auquel elle donne lieu.

Sous l'influence de la lumière, la surface bichromatée abandonne une partie de son oxygène dans les parties claires de la positive, et pour se remettre en équilibre, les parties qui reçoivent directement l'agent décomposant, aspirent en quelque sorte l'oxygène des points voisins qui sont préservés plus ou moins de l'action lumineuse par les noirs de l'image. Or, c'est dans ces parties à l'abri du jour, qu'une réaction contraire a lieu : celle que nous cherchons.

Les parties garanties du jour par les noirs de la positive deviennent humides, car l'hydrogène s'y trouve mis en liberté, il se combine immédiatement avec l'oxygène de l'air et avec celui qui se dégage des parties insolées, pour former de l'eau. Cette combinaison, qui ne pourrait avoir lieu à la température ordinaire, est probablement amenée par un dégagement d'électricité qui est le résultat de toute décomposition.

Cette théorie n'est pas hypothétique, la rupture d'équilibre dont nous avons parlé peut être démontrée. Il est permis de comparer ce phénomène à ce qui se passe dans les corps électrisés par influence, qui tendent, après décomposition, à rentrer dans l'état neutre, attirant, comme dans notre cas, l'électricité de nom contraire.

Tout est équilibre dans les lois générales, et les corps qui s'en sont écartés par une cause quelconque ont une tendance énergique à rentrer dans leur état naturel. La preuve de ce que nous venons d'avancer, c'est qu'une glace insolée peut perdre sa sensibilité, et qu'elle la perd, en effet, pour la reprendre le lendemain ou une heure après, quand la recomposition a eu lieu, c'est-à-dire, quand l'équilibre s'est rétabli. Quoique modifiée dans son degré d'oxydation primitive, par la première insolation, elle redevient tout aussi sensible et donne lieu au même phénomène qu'on peut observer plusieurs fois. Il est du reste visible, même à l'œil nu, et nous le verrons plus tard, quand nous déterminerons le temps de pose.

Quoi qu'il en soit, vous composez votre collodion d'après la formule qui suit :

Eau filtrée.	100cc
Miel épuré	0gr,5
Sirop de sucre	2cc
Gomme arabique en poudre.	5gr
Glucose liquide	5
Solution saturée de bichromate d'ammoniaque. . . . . de 15cc à	20cc

Notre liqueur sensible au bichromate est très rapide et donne une grande finesse aux demi-teintes.

On peut supprimer le miel et le sirop de sucre.

Les liquides sont mesurés dans une éprouvette

en verre gradué. (On peut augmenter un peu la dose de bichromate en hiver). A défaut de bichromate d'ammoniaque, prenez du bichromate de potasse; mais le premier de ces deux sels est préférable. Il donne plus d'intensité aux épreuves, et le collodion conserve plus longtemps sa sensibilité.

La sensibilité du bichromate de potasse a été observée, pour la première fois, en 1839, par Mungo Ponton. En 1853, M. Talbot mit à profit cette propriété dans ses essais de gravure. Il le combinait avec la gélatine pour rendre insolubles les parties que la lumière avait frappées et qui s'opposaient par conséquent à la morsure de l'acide.

En 1855, M. Poitevin, partant d'un autre point de vue, avait remarqué que les parties insolées sous les blancs d'un négatif demeuraient inertes, tandis que sous les noirs du cliché, la gélatine se gonflait lorsqu'on la mettait dans l'eau. Il en profitait pour faire des moulages et pour produire des planches en creux ou en relief, en soumettant les épreuves au bain galvanique. Ce procédé n'a pas donné les résultats qu'on pouvait en attendre, mais l'inventeur eut encore l'idée, plus tard, de mêler des poudres colorantes à la gélatine bichromatée, et cette nouvelle méthode devait nous donner la photographie au charbon et la photolithographie.

Le fait sur lequel repose la formule que nous donnons est dû aux observations de MM. Salmon et Garnier, qui exposaient la surface bichromatée sous un cliché positif, pour faire adhérer la poudre sous les noirs. Vous mêlez les produits ensemble, à l'exception du sel de chrome que vous ajoutez dans le cabinet noir. Après dissolution, vous filtrez le tout au papier, et la liqueur sensible ne doit plus voir la lumière. On ne filtre bien ce liquide qu'à travers le papier buvard rose, moins serré que le blanc. A partir de ce moment, toutes les opérations qui suivent doivent se faire à l'abri de la lumière blanche. On peut toujours s'éclairer avec une bougie ou au moyen de verres jaunes, qui ne laissent pénétrer à l'intérieur que le rayon de même couleur.

Nota. — Toutes les opérations ayant trait à l'émail peuvent être faites en pleine lumière, mais à l'abri des rayons directs du soleil. Nous n'opérons plus autrement.

On peut se servir du collodion aussitôt après sa préparation. Il est bon de ne pas le laisser vieillir; ce n'est pas qu'il perde sa sensibilité; mais il a, après quelques jours de préparation, une tendance à s'attacher fortement à la glace, et le transport de l'image devient par suite presque impossible.

Nous avons dit qu'on filtrait le collodion au papier, mais si bien qu'il le soit, il tient toujours en suspension des grains de poussière atomique qui occasionnent des taches sur l'image. Il faut éliminer quand même ces causes certaines d'accidents; elles amènent plus tard la nécessité des retouches qui ne sont pas toujours faciles, tout en dépréciant l'œuvre qui ne sort pas pure et franche du premier jet. Voici le remède : après avoir filtré la liqueur sensible, comme il a été dit, dans un entonnoir avec un filtre en papier, on reçoit le collodion dans un vase long et étroit. Vous le laissez déposer quelques heures, plus longtemps si vous n'êtes pas pressé, et vous décantez seulement les trois quarts du liquide dans un flacon à collodion : le fond occasionne toujours les accidents que nous signalons.

Nous recommandons à nos lecteurs de lire avec soin toutes les indications que nous donnons et d'en tenir compte.

Pour arriver à produire ces œuvres délicates qui n'ont de valeur qu'autant qu'elles sont parfaites, il faut des opérateurs dont la patience ne se lasse pas.

CHAPITRE II.

Préparation des glaces.

Il n'est pas possible, pour le travail que nous expliquons, de se servir de verres, si beaux qu'ils soient, il faut renoncer à leur emploi; quelques exceptions pourraient bien nous donner un démenti, mais nous ne conseillons pas d'essayer. Instruit par l'expérience, on peut quelquefois s'affranchir des règles générales, mais c'est en elles que le débutant doit chercher tout son appui.

Les nécessités de l'opération exigent une planimétrie exacte. Il y a deux surfaces non flexibles à superposer : la surface préparée de la glace sensible et celle qui sert de support à la positive. Deux verres appliqués l'un sur l'autre ne rempliraient pas les conditions requises d'abord, et de plus il y aurait souvent rupture de l'un ou de l'autre dans le châssis-presse; nous vous avertissons encore de ne jamais poser l'un sur l'autre, au châssis-presse, deux verres dont le premier aurait des dimensions plus restreintes que celui qu'il supporte : vous perdriez beaucoup de glaces et elles ont leur prix. Les châssis-presses doivent être très doux et n'exercer qu'une pression modérée.

La pureté des glaces est de rigueur ; mettez hors de service celles qui ont la moindre rayure. Il faut prendre le plus grand soin des glaces pour éviter cet accident très facile à se produire. Celles qui seront légèrement maculées pourront encore servir à la photographie ordinaire.

Les glaces, une fois choisies, seront nettoyées et immergées à cette fin dans

Eau	500gr
Acide azotique.	500

Il faut les laisser tremper dans ce mélange pendant une heure au moins, les rincer ensuite à l'eau fraîche, et lorsqu'elles sont égouttées, les essuyer avec un linge propre ; vous les reprenez après une à une et vous frottez à l'aide d'un tampon de coton, la surface à sensibiliser, avec la solution que voici :

Alcool	100gr
Iode en paillettes	1

Le tripoli dans l'alcool avec quelques gouttes d'ammoniaque liquide peut être employé. Vous essuyez bien, et la glace est prête à recevoir le collodion,

On répand le liquide sensible comme s'il s'agissait d'une glace à collodionner dans la photographie ordinaire en le faisant couler en nappe unie sur la surface qu'on lui destine ; l'excédent est repris dans un flacon à part et toujours sur un filtre en papier. Mais il est indispensable, nous disons indispensable, avant de collodionner, de passer un blaireau sur la glace ; sans cette précaution, l'image à reproduire serait criblée de points. Il ne faudrait pas, avant de verser le collodion, frotter la glace, sous prétexte d'en compléter le polissage : c'est une habitude très mauvaise et très commune en photographie. La glace électrisée attire toutes les poussières qui voltigent dans la couche d'air qui l'enveloppe et les grains de poussière se fixent sur elle. Le blaireau est impuissant à les en détacher. Si vous êtes sûrs de la propreté de vos glaces, passez simplement le blaireau.

Il convient d'éponger le bas de la glace pour enlever l'excès de liqueur sensible. On empiète, avec du papier de soie, d'un centimètre sur la surface de la glace, que l'on sèche de suite sur la flamme d'une lampe à alcool. Il ne faut chauffer que modérément jusqu'à dessiccation complète.

Les glaces seront exposées chaudes, à l'ombre, si la lumière est bonne. Après un quart d'heure, la réaction est suffisante. Il faut éviter de placer le châssis en plein soleil.

On obtiendrait au développement des épreuves dures et heurtées, même avec un positif excellent et doux. Les demi-teintes ne se développeraient pas assez vite, on aurait trop à attendre. Avant d'obtenir les ombres légères, les parties noires se chargeraient de trop de poudre d'émail. La vitrification serait incomplète dans les grandes ombres, et, si on forçait le degré de température de la moufle pour arriver au glacé, les demi-teintes chauffées outre mesure disparaîtraient.

L'épreuve est beaucoup plus douce quand la réaction s'opère à l'abri des rayons directs du soleil.

Il est bon cependant, quand on le peut, et après le temps réglementaire d'insolation à l'ombre, de placer le châssis-presse en plein soleil, mais pendant 5 ou 6 secondes tout au plus. L'épreuve y gagne en brillant et en vigueur. Ce temps très cour ne nuit pas à la douceur des demi-teintes.

L'excès et le manque d'insolation sont également nuisibles au résultat.

L'excès de pose fait contracter à l'épreuve les mêmes défauts que ceux qui résultent de l'exposition en plein soleil.

L'image se développe difficilement sous le blaireau et se charge avec excès de noir dans les ombres. Si l'insolation fait défaut, on obtient un voile gris sur l'image. Ce voile général doit être évité à tout prix.

On n'aura jamais un bon émail, si l'épreuve est grise après le développement. Le feu bien conduit peut, il est vrai, amoindrir ce défaut, mais il ne le fait jamais disparaître entièrement.

Il faut recourir alors à l'acide fluorhydrique, dont l'emploi est toujours difficile sur les parties trop étendues d'un dessin. Cet acide ne doit servir qu'à aviver les blancs dans les grandes lumières; mais seulement par touches isolées. Il convient donc de donner à la glace sensible une exposition juste, et il y a une certaine limite entre le trop et le trop peu, dont on se rend promptement compte après deux ou trois essais.

Mais en général il vaut mieux aller au delà du temps nécessaire à la réaction. Les épreuves seront brillantes et sans voiles et il sera toujours possible d'ajouter au putois les quelques demi-teintes qui manqueraient à l'émail. On se souviendra qu'il n'y a pas de remède et pas de corrections possibles avec le voile gris. Le Chapitre consacré à l'Insolation complétera cet aperçu.

Nota. — Dans les temps humides et froids, nous avons observé que souvent le liquide se refusait à prendre sur la glace. Il faut, dans ce cas, chauffer le verre avant de collodionner.

Le bichromate d'ammoniaque, à la dose indiquée, cristallise au bout de quelques minutes, si on n'a pas le soin de sécher le verre sur la lampe à esprit-de-vin. Il cristallise encore après dessiccation, même dans un endroit sec, et les verres préparés seraient hors d'usage le lendemain.

Il est vrai qu'on pourrait diminuer la dose de bichromate, mais alors l'image ne prend pas assez d'intensité, et l'épreuve sort toujours faible. Nous avons donné comme dosage régulier 15 pour 100 de solution bichromatée; mais on peut modifier cette formule et en mettre de 20 à 25^{cc} dans 100^{gr} de la mixtion. La quantité de sel de chrome doit être en raison de l'intensité du cliché. Nous conseillons cependant de suivre la formule normale; nous nous en sommes toujours bien trouvés, et nous n'éprouvons aucun ennui à préparer nos glaces à mesure.

Il est possible cependant de disposer d'avance une douzaine de glaces. C'est même ainsi qu'il convient de procéder. On les sèche, et comme la pose n'exige que quelques secondes, on a toujours le temps de les employer. Cela permet, d'autre part, de choisir une meilleure épreuve, celle qui ne laisse rien à désirer.

Nous venons à l'instant de parler de l'épreuve positive. Il est très important que nous nous y arrêtions, car c'est d'elle que dépend le succès.

Avec les formules et les explications que nous avons données, et avec celles qui suivront, il ne peut pas surgir de difficultés, mais nous y mettons pour conditon qu'on se servira d'une bonne positive; il est facile de la juger, et voici comment : il faut appliquer l'image, le collodion en dessous, sur une feuille de papier blanc; si elle est apte à donner une bonne épreuve sous le blaireau couvert de poudre d'émail, tous les détails sortiront nets. En un mot, vous aurez, après le transport sur l'émail, une image en tout pareille à celle que vous voyez sur votre papier, sauf quelques rares exceptions, mais elles sont rares. *Il est bon que l'image, vue par réflexion, soit bien accusée.*

On obtient la positive de bien des manières. On la prend généralement sur un cliché appliqué sur une glace dépolie. Les volets d'un cabinet étant fermés, on ne laisse pénétrer le jour qu'à travers le cliché. On pose peu, quelques secondes, si la lumière est vive, et on développe suivant la méthode ordinaire. Il y a un autre moyen plus commode, c'est de poser une glace préparée à sec, n'importe par quel procédé, sur le cliché à reproduire, quand on n'a pas à réduire ou à grandir le dessin. On expose quelques secondes à la lumière diffuse, ou mieux dans un demi-jour, et on développe à l'acide pyrogallique : nous ne pouvons pas entrer dans tous ces détails, et nous renvoyons le lecteur pour tous les renseignements photographiques qui n'ont qu'un rapport indirect avec l'émail à notre *Traité sur la gravure héliographique* (¹).

Le moyen que nous employons, quand l'image positive doit garder les proportions du cliché, nous est particulier, et toutes les positives obtenues par notre procédé sont aptes à donner un excellent émail. La couche de collodion reste transparente dans toutes ses parties, et l'image n'a pas besoin d'être développée.

Nous avons toujours, dans nos magasins de produits chimiques, des papiers tout sensibilisés à la disposition de l'opérateur. Pour obtenir une positive, on en prend un morceau de dimension voulue, et on tire au châssis-presse comme s'il s'agissait d'une épreuve à coller sur bristol. On doit attendre que les blancs soient *vigoureusement* teintés. On tire à l'ombre jusqu'à la métallisation des grands noirs. On vire et on fixe à la fois le dessin dans le bain suivant.

N° 1.

Eau	1000gr
Hyposulfite.	120
Sel ordinaire.	60
Chlorures d'or et de sodium.	1

On laisse le papier cinq minutes sous l'action du bain : en le retirant, on le porte dans une cuvette d'eau, et de là, dans une seconde cuvette pleine

(¹) GEYMET. — *Traité pratique de gravure héliographique et de galvanoplastie.* In-18 jésus ; 1885. (Paris, Gauthier-Villars.)

d'eau chaude. Le papier se dédouble alors spontanément, et la pellicule de collodion qui porte la positive flotte à la surface du bain, ou reste sur le papier, mais sans adhérer. On transporte, à l'aide du papier, le tout sur une glace propre, le collodion en dessous, en laissant dépasser un centimètre du collodion et du support qu'on rabat sur le côté opposé du verre, comme nous l'avons dit ailleurs au sujet de nos papiers à transport et de notre collodion polychrome.

On enlève ensuite la feuille de papier, on lave ce collodion très résistant avec un peu de çoton imbibé d'eau chaude, et on reprend la pellicule parfaitement transparente sur un nouveau papier mouillé au préalable, pour l'appliquer sur une glace légèrement gélatinée. On laisse sécher le collodion en ayant soin d'éviter les plis. Ce genre de positive ne saurait être douteux : car l'image obtenue au châssis-presse vous donne la valeur par réflexion de celle que vous aurez sur l'émail.

C'est par le procédé qui nous appartient qu'on fait le presse-papier et le faux-émail. Notre maison livre les blocs tout taillés et la colle spéciale.

Les épreuves sont virées dans :

N° 2.

Eau ordinaire.	1000gr
Sulfocyanure d'ammonium .	100
Chlorure d'or et de sodium. .	1

On passe par tous les tons intermédiaires entre

le brun et le noir bleu. On fixe ensuite l'épreuve dans le virage N° 1. Cinq minutes suffisent.

N° 3.

Eau ordinaire.	1000gr
Borax.	2
Chlorure d'or et de sodium..	1

Cette dernière formule est très régulière. L'épreuve doit séjourner un quart-d'heure dans le bain et on la fixe ensuite dans le N° 1.

Ce dernier virage donne les tons les plus beaux. Mais il ne faut s'en servir qu'avec le papier fraîchement préparé. Le borax rend le détachement de la pellicule plus difficile. Le virage ordinaire du papier albuminé peut lui être substitué.

FORMULE.

Eau.	1000cc
Acétate de soude.	15gr
Phosphore.	5
Chlorure d'or.	1

CHAPITRE III.

Insolation.

La durée de l'exposition à la lumière est variable. Elle dépend de la vigueur de la positive et de l'intensité du jour. Cependant, en employant la formule que nous avons donnée, 20 à 30 secondes suffisent par un soleil d'été. Il faut attendre de 3 à 10 minutes à l'ombre, au milieu du jour, si le ciel est pur. Par un temps couvert et brumeux, il est impossible de fixer approximativement le temps de pose.

Il se produit cependant sur la glace du châssis-presse un phénomène visible pendant l'insolation, qui peut servir de règle et qui ne nous a jamais trompés. Nous savons que, sous l'action décomposante de la lumière, la glace sensibilisée prend de l'humidité, et que c'est par suite de ce dégagement de vapeurs d'eau que la poudre adhère plus ou moins sur une partie, selon que la

2.

décomposition y a été plus ou moins profonde. Or, si vous observez attentivement la surface de la glace du châssis-presse, vous la verrez au bout de 20 secondes, au soleil, se couvrir d'un voile humide. Vous devez attendre quelques secondes encore, et l'impression sera suffisante.

A l'ombre, ce phénomène est moins sensible; mais ont peut s'en rendre compte avec un peu d'attention.

L'image ne se présente bien que si l'exposition est convenable. Si la pose a été trop prolongée, la décomposition ayant lieu sous les noirs et sous les clairs de la positive, la poudre n'adhérera nulle part. Si l'insolation n'est pas suffisante, la poudre d'émail au contraire, se fixera sur tous les points de la surface, et dans les deux cas il n'y aura plus d'image possible.

Nous admettons donc, en règle générale, pour éviter les tâtonnements et fixer les idées, qu'une exposition trop prolongée s'oppose à l'adhérence de la poudre d'émail sur la glace, et que trop peu d'insolation amène l'effet contraire. Car le résultat dépend d'une action particulière de la lumière qui provoque une réaction hygrométrique sur la couche. Le dégagement de vapeur d'eau qui en résulte est indépendant de l'humidité de la pièce où le travail se fait.

Cette question est très complexe par les temps humides, mais très simple quand il fait sec. Il peut arriver en hiver, par exemple, que votre glace ait été exposée trop chaude, et il faut absolument qu'elle le soit dans la saison humide : dans ce cas, vous n'obtenez rien au développement; mais attendez quelques minutes, et vous serez étonné, en la reprenant, de voir une image parfaite, à la condition encore que vous choisirez le moment favorable : car si vous attendez trop, vous serez forcé de chauffer légèrement la glace, sous peine de voir un dessin empâté se développer sous le blaireau.

Il ne faut pas nous critiquer si nous insistons si fortement sur les détails, car si l'on ne saisissait pas exactement cette théorie, on attribuerait au hasard l'insuccès ou la réussite d'une épreuve. Nous nous résumons donc en disant qu'il ne faut ni trop d'humidité, ni trop de sécheresse, et en faisant observer qu'une glace trop chauffée et une qui ne le serait pas assez, donneraient le même résultat avec une exposition égale; mais il faudra attendre que la première reprenne la température ambiante, et il sera prudent quelquefois de chauffer légèrement la seconde.

On voit, d'après ces observations, qu'il faut un certain tact pour se tenir dans le juste milieu et pour éviter les excès contraires.

Nous posons encore en règle générale le principe qui suit : Par un temps sec, posez la glace après son entier refroidissement et attendez quelques minutes avant de développer. Si l'atmosphère est humide, ayez soin de l'insoler encore chaude et de développer sans attendre.

Nous conseillons d'éviter d'exposer le châssis en plein soleil. Les épreuves tirées à l'ombre sont généralement supérieures, si la lumière est vive. On les développe mieux et plus vite. Quand il gèle, il n'y a pas de réaction, si la glace sensible est exposée à une température au-dessous de zéro. On placera dans ce cas le châssis à l'intérieur, si la pièce est chauffée, et l'on triplera au besoin le temps de pose. Quelle que soit la lumière, on peut toujours amener une bonne épreuve. De nombreux essais faits en hiver, dans le jours sombres et humides, nous ont prouvé qu'il suffisait de prolonger l'exposition pour développer des épreuves brillantes et sans voile gris.

Une insolation de quatre ou cinq heures est quelquefois nécessaire ; mais avant de commencer le développement, on doit, avec une excessive précaution, passer la glace sur la lampe à alcool pour combattre l'excès d'humidité.

La couche sensible dans les parties modifiées par l'insolation se ramollit ensuite sous l'influence de la lumière absorbée, et après quelques minutes de repos, le développement se fait avec un plein succès.

Ce qu'il faut à tout prix éviter dans l'émail, c'est le *voile gris*, qui dépare l'épreuve et qui la prive de tout son éclat.

Ce voile gris est un ennemi avec lequel il faut compter presque toujours. Avec les temps humides seulement, l'épreuve se révèle immédiatement et presque sans travail. Le vent du Nord et les grandes chaleurs contrarient la réaction, qui repose, comme il a été dit, sur un fait d'hygrométrie.

Mais indépendamment des circonstances atmosphériques, ce voile peut être amené par l'imperfection du cliché positif, par excès et par manque de pose.

Un positif sans vigueur donne une épreuve sans énergie, et en forçant le développement pour accentuer les noirs, on voile forcément les lumières.

Si la pose est insuffisante, même avec un cliché parfait, le voile ne saurait manquer de se produire. Dans cette supposition, les parties de la couche sensible correspondantes aux lumières du positif n'étant pas insolubilisées, la poudre d'émail s'attache partout à peu près indifféremment, et la réaction lumineuse n'intervient qu'en seconde ligne.

Le voile, par une raison tout opposée, peut avoir pour cause un excès d'insolation. La couche sensible devient alors presque insoluble dans toute l'étendue de la surface. La réaction lumineuse qui doit se produire immédiatement ou dans l'intervalle de quatre ou cinq minutes est considérablement retardée.

Il faut donc attendre un certain temps avant que la couche ne reprenne quelque humidité produite par l'action de la lumière absorbée. Mais en même temps, l'humidité fournie par le milieu ambiant agit sur la couche très hygrométrique par nature, et la poudre d'émail, tout en renforçant les noirs, s'attache suffisamment sur les lumières pour détruire l'harmonie de l'ensemble.

CHAPITRE IV.

Développement de l'image.

Après l'insolation, l'opérateur passe dans le cabinet noir pour développer l'image, mais l'opération peut-être exécutée en demi-lumière. Il charge de poudre d'émail un blaireau fin et fourni en le retournant en tous sens dans la soucoupe qui contient la poudre. Il prend ensuite la glace dans sa main gauche et le blaireau dans sa main droite, et place devant lui une feuille de papier blanc qui sert de réflecteur pour surveiller la venue de l'image par transparence.

Sans ce fond blanc à distance sur lequel, à mesure que le blaireau est promené sur le verre, l'image paraît se dessiner, il serait impossible de se rendre un compte exact de ce qui se passe.

Le blaireau doit être manié d'une certaine manière ; il ne faudrait pas le promener du haut en bas sur le verre suivant les mouvements de l'ouvrier qui badigeonne. On tamponne légèrement la surface impressionnée en commençant par le haut ; on descend progressivement, frappant toujours avec régularité et avec une certaine légèreté de main.

Quand toute la glace est couverte, ou pendant l'opération, on décrit des cercles avec le blaireau en avançant à mesure, et l'image se forme toute seule, car la poudre adhère inégalement sur les parties plus ou moins humides.

On dégage ensuite la glace de la poudre en excès ; on y arrive en promenant alors le blaireau de haut en bas dans tous les sens avec la plus grande légèreté possible.

Voici maintenant une série d'observations qui ont leur importance. Si la pose est exacte et si la glace n'est ni trop chaude ni trop humide, l'épreuve donnée par une bonne positive sort parfaite, il n'y a plus qu'à la transporter ; mais il peut se faire que le dessin soit ou trop noir ou incomplet. On en juge en approchant la surface préparée de la glace sur un papier blanc sans établir le contact.

Si l'épreuve est trop empâtée, c'est-à-dire trop noire, il faut recommencer l'opération. Le développement a été poussé trop loin. Si le dessin est incomplet, on continue à passer le blaireau après avoir laissé reposer la glace pendant deux ou trois minutes. On pose de temps en temps le verre sur un papier blanc pour mieux juger de l'épreuve. On s'arrête quand elle est complète dans son ensemble.

Il est à remarquer que l'image ne change plus, ni dans les opérations qui suivront, ni dans son passage à la moufle; nous n'avons pas à virer l'épreuve et l'élément fixateur est le feu.

Si le passage réitéré du blaireau ne parvient pas à renforcer l'épreuve, et à faire paraître les demi-teintes, le temps de pose a été exagéré, on peut hâler légèrement sur le verre, qui prend à l'instant un peu d'humidité et qui happe une plus grande quantité de poudre. On doit toutefois éviter d'employer ce moyen.

Mais si l'image sort grise, ce qui indique une insolation insuffisante, il faut renoncer à améliorer le dessin. Si vous hâlez dessus, la surface prendra certainement un surcroît de la poudre que vous lui présentez; mais quand vous voudrez régulariser la surface pour enlever l'excédent, la poussière supplémentaire qui a adhéré après le hâle tombera, et vous reviendrez au point de départ. Si la poudre résiste, les blancs de l'émail seront couverts d'un voile gris.

Il y a cependant possibilité, et en dépit de la pose, de corriger certaines défectuosités au blaireau, mais ces corrections ne sont qu'un palliatif et non un remède.

Les fonds, par exemple, se prêteront à la retouche. On peut mettre à l'unisson les parties claires ou trop foncées qui résultent de l'imperfection du cliché positif. On doit procéder à ces corrections quand tout le travail du développement est terminé, c'est-à-dire quand l'image est prête au transport.

Dans le premier cas, on hâle sur les parties claires, et l'on y passe non plus le blaireau, mais un pinceau fin d'aquarelle, dont la pointe souple est chargée de poudre d'émail. Cette retouche, comme une teinte plate en aquarelle, ne doit porter que sur la partie à corriger; si vous la dépassez, vous amenez à côté un défaut pareil à celui que vous vouliez faire disparaître. L'ensemble ne devant plus être égalisé par le blaireau, il faut frapper juste.

Dans le second cas, pour modifier la teinte trop foncée qui, dans certain cas, n'est pas en rapport avec l'ensemble du fond, vous dégagez ces points après avoir chauffé légèrement la glace en prenant un peu de coton bien blanc que vous passez dessus en frottant plus ou moins.

Mais notons bien que la poudre appliquée après coup n'adhère pas aussi bien que celle qui a été aspirée en quelque sorte par suite de la réaction qui s'est produite sous l'influence de la lumière. Si vous repassiez le blaireau, ce qui n'est plus à faire comme nous l'avons dit, les corrections seraient à recommencer.

On peut retoucher de cette manière telle ou telle autre partie du sujet, mais il faut être très sobre ans ce travail. Nous reviendrons sur ce sujet dans un chapitre spécial que nous consacrerons à la retouche.

On veillera avec le plus grand soin dans le développement à tenir parfaitement secs, le blaireau, les pinceaux, le coton, la feuille de papier qui sert de transparent, en un mot, tout ce qui est en contact avec la surface qui reçoit le dessin.

Par les temps chauds, le blaireau qui a touché vos doigts a contracté assez d'humidité pour gâter l'image, et le papier sur lequel votre main a posé amène les mêmes désordres. Veillez surtout, en arrondissant le coton en forme de tampon, à ne pas toucher la partie qui doit être en rapport avec le verre. Il est bon aussi de chauffer légèrement la soucoupe qui contient la poudre d'émail, et de tenir cette dernière à l'abri de la poussière, car toute matière organique qui s'y mêle occasionnera plus tard un point blanc qu'il faudra retoucher.

L'image donnée par la poudre d'émail doit être très claire. Il suffit qu'elle soit indiquée sur la glace. Il faut éviter l'empâtement. La poudre adhérente ne doit être qu'une ombre légère, si peu qu'elle paraisse; vue par transparence ou par réflexion, l'image sera toujours assez accusée sur le médaillon.

Si vous laissiez prendre trop de poudre à la glace, vous perdriez vos épreuves en les passant à l'acide sulfurique. La poudre se détacherait.

Il faut cependant tenir le dessin un peu plus

foncé qu'il ne doit être. Les blancs doivent rester purs, et vous devez tenir les noirs un peu voilés par la couche. Le brillant donné par le feu ramènera le tout à sa juste valeur.

Une image trop peu accusée, quoique paraissant d'une bonne venue sur l'émail non cuit, sort trop pâle de la moufle.

CHAPITRE V.

Transport de l'image sur la plaque d'émail.

Lorsque l'épreuve convient, il ne faut pas attendre pour la transporter. Si vous laissiez adhérer la poudre au verre pendant trop longtemps, vous auriez plus tard de la peine à la détacher : une partie de l'image resterait sur la glace et échapperait au collodion, qui doit faire table rase.

Nota. — Le même accident arrive si la glace a été trop chauffée.

Le même accident se produit encore, nous l'avons déjà dit, quand la liqueur sensible préparée depuis trop longtemps, a subi un commencement de fermentation, et lorsque la glace n'est pas d'une propreté parfaite; dans ce cas, le collodion a de la peine à couler en nappe unie : c'est un avertissement.

Pour enlever votre image, vous couvrez la glace

d'un collodion normal; celui de la photographie ordinaire, suffisamment épais, pourrait suffire au besoin. La formule qui suit est appropriée à la circonstance :

Alcool à 40°	50gr
Ether sulfurique 62°.	50
Coton azotique.	2

Vous remarquez que l'éther et l'alcool sont en parties égales; si l'éther dominait, le collodion serait trop sec, sujet à se gercer en se desséchant, et l'on aurait de la peine à éviter les plis sur l'émail. Ce collodion doit être limpide et filtré au coton.

Nous conseillons de ne jamais reprendre l'excédent dans le même flacon, nous préférons même le sacrifier ; en voici la raison. Ce liquide, versé plusieurs fois sur les images à transporter, contracte le même défaut que le collodion sensible qui nous sert pour l'émail. Il entraîne avec lui une partie de bichromate, et quoique la couleur n'en soit pas altérée sensiblement, il devient impropre au transport. Est-ce là la vraie cause? nous le supposons ; mais il est certain qu'en l'employant, l'image a une tendance à s'attacher sur la glace, et ce fait ne se produit pas avec un collodion qui n'a jamais servi.

Ce collodion, propre à transporter une épreuve qui doit orner un médaillon ordinaire, une broche par exemple, serait trop épais pour le transport sur des pièces plus petites, sur des émaux destinés aux bagues et aux épingles. Il faut, dans ce cas, diminuer la dose de coton azotique, il sera plus facile alors d'éviter les plis et d'obtenir le contact exact de la pellicule avec la plaque émaillée, condition indispensable pour éviter le soulèvement de la poudre.

Quand votre image est couverte par le collodion, vous attendez deux ou trois minutes, et lorsque ce dernier a fait prise, vous immergez le verre dans une cuvette pleine d'eau à laquelle vous mêlez un peu d'acide sulfurique. Ce mélange dissout et élimine l'acide chromique qui teinterait en vert le blanc de l'émail, après la cuisson.

Vous retirez la glace après quelques minutes, et vous coupez avec un canif le collodion qui tient aux arêtes du verre, vous replongez la glace dans une cuvette pleine d'eau, pour laver la pellicule de collodion qui monte alors à la surface de l'eau. Si la pellicule ne se détachait pas facilement, vous la soulèveriez doucement par les deux angles ; mais vous n'insisteriez pas, si peu qu'il restât de poudre sur le verre : dans ce cas, il vaudrait mieux le soumettre une seconde fois à l'influence de l'acide, et recommencer le lavage.

Il est rare que le collodion ne se détache pas promptement du verre dans l'eau acidulée, si les opérations ont été faites avec régularité. Voici les causes d'adhérence :

1° La glace trop chauffée;

2° Le collodion normal trop évaporé avant son immersion dans l'eau acidulée;

3° Trop de retard entre le développement de l'image et le collodionage. Il ne doit jamais s'écouler plus d'un quart d'heure entre ces deux opérations.

Cet accident peut se produire encore si les glaces ont été sensibilisées avec la liqueur bichromatée plusieurs heures avant l'emploi. Nous avons dit qu'il fallait exposer les glaces dans les dix minutes qui suivent leur préparation.

Il est nécessaire de laver exactement la pellicule de collodion, et vous n'avez rien à craindre au sujet de la poudre, elle ne se détachera pas. Si vous ne laviez pas suffisamment le collodion, l'eau sucrée dans laquelle vous l'immergez ensuite serait promptement décomposée, et l'on sait avec quelle facilité les matières organiques, mises en contact avec l'acide, donnent naissance à l'acide acétique.

Nous transportons donc, sur le verre qui soutient notre pellicule de collodion bien lavée dans une nouvelle cuvette remplie d'eau sucrée, que l'on filtre après chaque opération, car un grain de poussière interposé entre le collodion et l'émail, occasionne encore une tache blanche.

Le dosage de l'eau sucrée n'est pas à négliger; voici une moyenne qui se comporte bien :

Eau.	1000gr
Sucre.	200

Un séjour prolongé dans ce bain est inutile. Après quelques minutes, vous pouvez transporter l'image, la *poudre en dessous*, sur la plaque émaillée, qu'on frictionne avec un tampon de toile légère imbibé de boratine. On essuie, après, la surface de l'émail pour n'y laisser aucune trace de ce produit qui est un composé d'alumine et de borax fondu. Il faut un peu d'adresse pour exécuter cette opération sans accident.

Vous glissez l'émail bien lavé sous le collodion, que vous maintenez au fond de la cuvette en appuyant un doigt sur le bord le plus rapproché de vous. Il faut éviter de porter le doigt trop en avant, car on ne doit presser que les parties du collodion qui sont sacrifiées. La pression du doigt détache la poudre.

Vous soulevez la plaque ou le médaillon avec une lame de cuivre recourbée et amincie du bout, que vous glissez entre le fond de la cuvette et l'émail. Ce dernier entraîne avec lui la pellicule, et vous ne le retirez tout à fait de l'eau, en le saisissant avec le doigt par le centre, qu'autant que le collodion a pris une position convenable et que le sujet est juste au milieu. Pour les portraits, le haut de la tête doit arriver aux deux tiers de l'émail.

Vous rabattez ensuite en dessous les parties qui dépassent, en ayant soin que vos doigts ne pressent la plaque que sur l'extrême arête, et n'empiètent pas sur la surface de l'émail; la poudre céderait sous la pression, et l'épreuve serait tachée sur ces points.

Il faut éviter les plis avec le plus de soin possible, ou, pour mieux dire, il faut les prévenir. Un pli quelconque amène une ligne blanche qui dépare l'image. Il ne faut pas se presser, mais rabattre en dessous le collodion dans le moins d'étendue possible à la fois. Vous tendez bien la pellicule, et vous posez le tout sur une feuille de papier buvard, soutenue par une surface plane résistante. Vous appliquez par-dessus une feuille de papier de soie, et avec du coton vous appuyez légèrement pour éponger l'eau; mais surtout pas de pression sur la première feuille. Remplacez ensuite le papier mouillé par un second, et quand l'émail vous paraît suffisamment dégagé d'eau, vous tamponnez toujours à l'aide du coton, mais alors sans crainte d'appuyer.

Cette pression, sur tous les points de la surface, mais principalement sur les bords, qui paraît de prime abord insignifiante, est de rigueur, et voici pourquoi :

L'eau sucrée a pour but d'agglutiner la poudre d'émail sur la plaque qui est polie; si l'adhérence de la poudre d'émail n'était pas exacte dans tous les points de la surface, il se produirait des accidents forcés au moment de la destruction du collodion. Ainsi ne craignez pas de presser ce dernier, et ne laissez aucun point avant qu'il ait subi un tamponnage réitéré : vous perdrez votre épreuve si vous négligez ce détail. Si des bulles d'air s'interposent pendant l'application de la pellicule entre la plaque d'émail et le collodion, on aura soin de les piquer et de presser encore une fois l'épreuve sous le papier de soie. Il faut alors sécher l'émail, l'été en plein soleil et l'hiver sur un feu doux. Cette dessiccation doit être progressive. La pellicule, surprise par une chaleur trop vive, serait sujette à éclater ; mais, sans l'aide du feu, le collodion fixé par l'eau sucrée ne sécherait jamais assez et les épreuves seraient détruites dans l'opération qui suivra.

L'émail une fois sec, nous passons à la destruction du collodion, car ce dernier s'écaillerait à la cuisson et entraînerait avec lui la poudre vitrifiable. Il est très important, avant d'aller plus loin de détruire les dernières traces d'humidité que pourrait renfermer le collodion ; sans cette précaution le travail serait encore perdu, car l'acide sulfurique, en contact avec l'eau, produit un dégagement de chaleur suffisant pour désagréger la poudre et pour produire des points blancs sur toute la surface de la plaque.

CHAPITRE VI.

Destruction du collodion.

Il y a plusieurs méthodes pour détruire le collodion : on emploie l'acide sulfurique ou un mélange dont nous donnerons plus loin la formule.

Si l'on choisit l'acide sulfurique, et nous le conseillons, on en remplira une petite cuvette dans laquelle on placera l'émail. Après dix minutes, le collodion est détruit, et vous vous en apercevez facilement, car il se forme une auréole rouge brun autour de la plaque; vous retirez alors l'émail pour le plonger dans une cuvette pleine d'eau fraîche. C'est le moment critique, car si vous n'avez pas observé toutes les prescriptions que nous avons données, il se manifestera sur l'émail une foule de points blancs qui exigeront une retouche ennuyeuse, et quelquefois l'image sera tout à fait perdue.

On comprend qu'il ne serait pas possible d'opérer ce déplacement de l'émail avec les doigts, qui seraient brûlés par l'acide ; mais ce danger ne se présenterait-il pas, qu'il faudrait renoncer, à partir de ce moment, à toucher la pièce avec la main. La poudre n'est plus maintenant protégée par le collodion, et le moindre contact la déplacerait.

C'est sur le support que vous descendez l'émail dans l'acide sulfurique, vous le retirez de même, mais avec précaution, pour que l'image ne soit pas troublée; vous le descendez dans la cuvette d'eau avec plus de soin encore. L'acide sulfurique, sirupeux de sa nature, s'écoule lentement, et par son poids maintient mécaniquement la poudre en place; mais il n'en est pas de même de l'eau. La poudre est obligée de passer plusieurs fois au travers de ce liquide, et l'eau en s'écoulant, plus fluide que l'acide, peut entraîner une partie du dessin. Il ne faut pas se préoccuper trop de ce qui pourrait arriver : avec du soin vous parerez à tous les accidents. Du reste, les accidents sont rares.

Si vous ne voulez pas employer l'acide sulfurique, qui est d'une manipulation parfois dangereuse, vous prenez le mélange suivant pour dissoudre le collodion :

Essence de lavande	100gr
Essence grasse de térébenthine. . .	3

Il faut vingt-quatre heures pour obtenir un résultat. Si vous ajoutez à ce mélange 50 grammes d'éther et autant d'alcool, le collodion sera dissous plus vite. L'émail doit être ensuite passé dans l'éther et abandonné à la dessiccation.

Nota. — Nous conseillons au lecteur de ne se servir qu'avec précautions de cette seconde méthode.

Nous préférons opérer à l'aide de l'acide sulfurique ; c'est la seule méthode pratique et sûre.

Nous sortons donc notre émail de l'eau, toujours sur la lame de cuivre, et nous le portons sur une feuille de papier buvard pour le laisser égoutter. Si l'on veut le cuire sans attendre, on peut mettre le buvard sur une lame métallique et le sécher sur une lampe à esprit de vin.

On peut opérer autrement et laisser au feu le soin de détruire le collodion.

Il est cependant préférable de faire passer les émaux par l'acide sulfurique, quand on emploie, pour obtenir l'image, les poudres noires, brunes et rouges, capucines, qui ne sont pas attaquées par cet acide. On a l'avantage de pouvoir débarrasser l'émail de tous les points noirs qui le déparent avant de le cuire.

Si l'on veut vitrifier des épreuves de couleur violette, rose, verte et bleue, que l'acide chlorhydrique et l'acide sulfurique attaquent ; si même, en employant les poudres noires, brunes et rouges, on ne veut pas détruire le collodion, on appliquera la pellicule directement sur l'émail et la poudre sera en dessus.

L'eau sucrée sera remplacée par le bain suivant :

Eau.	1000gr
Pépins de coing.	5
Eau saturée de borax fondu. . . .	100cc

NOTA. — 5 grammes de borax par litre d'eau.

On trouvera, dans le Chapitre XII, qui traite de la *porcelaine*, d'autres explications qui seront plus à leur place, et grâce auxquelles tout opérateur attentif pourra mener à bonne fin ces délicats et intéressants travaux.

CHAPITRE VII.

De la retouche.

Il est souvent nécessaire de retoucher un émail avant de le passer au feu; voici les moyens à employer.

Première retouche.

Il s'agit d'enlever les points noirs, d'éclairer les ombres trop prononcées; il faut quelquefois ou aviver le point visuel ou affaiblir des lignes trop accentuées. Tout ce travail se fait avec la pointe d'une aiguille fine.

Nous avons dit qu'en sortant de l'acide sulfurique l'émail devait être passé successivement dans trois cuvettes pleines d'eau fraîche. Toute trace d'acide doit disparaître. On le place ensuite, à l'aide du support, sur une feuille de papier buvard, pour le laisser égoutter, et on le porte près du fourneau, où il doit sécher tout à fait.

L'aiguille qui sert à éclairer, ne doit jamais traîner sur l'émail; les coups doivent être donnés perpendiculairement. La poudre ainsi attaquée se détache, et on la chasse en soufflant, vous jugez de l'effet produit par chaque piqûre.

On ne se doutait pas des résultats qu'on peut obtenir avec un peu de patience. Il faut essayer, pour s'en convaincre; et sans être trop habile, on peut, par ce moyen, faire disparaître la ligne noire laissée par une positive qui se serait brisée pendant l'insolation.

On arrive à ce résultat plus promptement et avec plus de facilité qu'on ne le ferait dans une retouche de même nature faite sur une épreuve sur papier albuminé.

Nous continuons maintenant par la retouche des points blancs qu'il s'agit de recouvrir avec de la poudre d'émail.

Deuxième retouche.

Après la destruction du collodion dans l'acide sulfurique, il y a souvent quelques points blancs sur l'image. Tout grain de poussière organique interposé entre le collodion et l'émail fait un vide sur la plaque; la bulle d'eau et d'air que nous avons comprimée, après l'avoir piquée, produit encore le même effet; un pli du collodion, si peu apparent qu'il soit, emprisonnant la poudre et l'empêchant de se fixer sur l'émail, donne naissance à une ligne blanche : ce sont ces vides qu'il faut remplir. Avant de commencer cette retouche, on chauffe légèrement l'émail.

Comme, après la cuisson, l'émail doit offrir une harmonie égale de tons, la retouche doit se faire avec la même matière qui a produit l'image. On prend donc une pincée de la même poudre et on la broie sur une plaque de verre avec une molette de verre aussi, en l'humectant avec quelques gouttes d'eau sucrée [1].

Remarquons que la première poudre adhère sur l'émail, par l'intermédiaire du sucre et que si nous employons de l'eau sucrée à 15 p. 100, comme la première fois, l'eau, n'étant plus saturée, dissoudrait le sucre qui fixe la poudre primitive. Dans ce cas, nous nous exposerions à élargir la tache au lieu de la couvrir.

Il faut que l'eau sucrée dans laquelle l'émail à retoucher est broyé soit un sirop de sucre.

Comme l'aiguille, le pinceau chargé de poudre d'émail humide ne doit pas traîner sur l'épreuve. Il faut attaquer encore les points blancs par le pointillé et chaque coup de pinceau ne doit ame-

(1) Il vaut mieux se servir d'un petit mortier en agate. La poudre qui sert à la retouche doit être broyée avec un soin minutieux. Sans cela, elle n'adhère pas sur l'émail et se soulève au feu.

ner qu'un résultat à peine sensible. Trop de poudre mise à la fois empêcherait l'adhérence sur le glacé de l'émail; et si vous en surchargiez trop la tache, vous auriez après la cuisson le défaut contraire : pour effacer le point blanc vous auriez produit un point noir à la même place.

NOTA. — Il est préférable de ne retoucher les points blancs qu'après la cuisson. La couleur sera broyée avec $\frac{1}{4}$ de fondant pour la rendre plus fusible et $\frac{1}{4}$ de violet de fer.

Formule de la couleur de retouche.

Poudre d'émail.	2gr
Fondant GA.	1
Violet de fer.	1

On se servira d'essence de térébenthine rectifiée, en y ajoutant un peu d'essence grasse.

Il y a encore un moyen de rattraper le ton, mais l'acide fluorhydrique qui est employé à cette fin est d'un emploi très difficile.

A ce point, notre travail est complet et nous allons le fixer par le feu en le vitrifiant dans la moufle.

Mais avant d'aborder ce sujet dans le Chapitre VIII, nous devons dire quelques mots relativement à la production de l'émail photographique par des moyens autres que ceux que nous avons développés.

La méthode pratique, celle que nous décrivons, donne des résultats certains, mais il en est d'autres pour fixer sur le verre ou sur l'émail une image photographique vitrifiée.

Les résultats qu'on obtient en dehors de l'em ploi des poudres sont loin d'atteindre la même perfection, et c'est pourquoi nous nous contentons d'en dire quelques mots pour mettre sur la voie ceux qui désireraient se livrer à ce genre de recherches.

Dès l'origine, et dans les notes mises sous les yeux de l'Institut par M. Lafont de Camarsac, nous voyons que l'habile opérateur, inventeur de l'émail, pour mieux dire, avait compris que les sels métalliques qu'on emploie dans la décoration de la porcelaine pouvaient être incorporés au collodion, et que le feu, en détruisant la matière organique, mettait à nu le métal pour former l'image : rien n'est précis dans les indications dont nous parlons, mais c'est par ces moyens qu'il prétendait produire ses émaux.

Les vitraux de MM. Tessier du Motay et Maréchal, de Metz, étaient obtenus de cette manière, et les *Bulletins* de notre Société de Photographie, qu'on peut consulter, ont donné à ce sujet des explications incomplètes, quant aux manipulations, mais des données suffisantes pour mettre sur la voie.

D'après leurs notes, l'image au chlorure d'argent, sans changer de support et développée au sel de fer, est renforcée dans des bains d'or, de platine, d'iridium, de palladium, etc. On la passe ensuite dans la moufle et les métaux se trouvent fixés à l'aide d'un fondant.

Toute positive au sel d'argent, développée au sulfate de fer ou à l'acide pyrogallique, peut être vitrifiée à l'aide d'un peu de borax en dissolution ou en poudre, et même sans fondant, et donner une image jaune, qui est la couleur propre du chlorure d'argent dans la céramique.

Si, par voie de substitution ou d'addition, vous renforcez d'un métal quelconque l'image produite, la couleur changera dans la vitrification, et vous obtiendrez une épreuve en or, en argent ou en platine, si vous employez les chlorures de ces métaux, en poussant suffisamment la fusion pour amener la réduction du métal. Il serait bon, pour faciliter la réduction, de faire intervenir une substance autre que le collodion.

Ces principes posés, les sels de cobalt employés au renforcement amèneront des images bleues, et en lisant plus loin les renseignements que nous donnons sur les oxydes colorants, vous pourrez produire la couleur qu'il vous plaira.

M. Grüne, de Berlin, opère de cette manière et produit des négatifs vitrifiés qui lui servent au tirage des positives.

Mais ce procédé, excellent pour le vitrail, qui est vu par transparence, ne saurait, à notre avis, produire des épreuves par réflexion aussi belles que celles qui sont données par les oxydes métalliques appliqués au blaireau.

REMARQUE. — Il est à peine nécessaire d'observer que la retouche des émaux se rapproche beaucoup de celle des clichés photographiques ; ceux de nos lecteurs qui désireraient avoir sur cette partie si importante de l'art photographique des renseignements plus étendus que ceux de ce Chapitre VII, devront lire avec soin le remarquable *Traité de retouche*, suivi d'une méthode d'émaillage, de Piquepé. (Paris, Gauthier-Villars.)

CHAPITRE VIII.

Vitrification de l'émail.

Chauffons maintenant le fourneau d'émailleur : c'est un appareil fort simple et qui n'occupe pas plus d'espace qu'un fourneau de cuisine portatif; toute cheminée peut le recevoir.

Il faut peu de place et peu d'appareil pour cuire un émail, et l'on se crée trop de chimères sur cette dernière opération qui est la plus simple et la plus facile.

Nous avons offert plusieurs fois des émaux à des amateurs qui nous disaient : Mais sont-ils cuits, est-ce un véritable émail ce que vous me donnez? On s'imagine que cette opération n'est pas à la portée de tout le monde; nous vous disons donc qu'un émail est plus facile à cuire à point qu'un œuf à la coque.

Le fourneau d'émailleur est en terre réfractaire; il est composé de trois pièces principales : le corps du fourneau, la moufle et le couvercle. Il y a bien quelques pièces accessoires qui servent à boucher les ouvertures qui donnent passage à l'air quand on allume le feu, mais elles sont de peu d'importance.

Vous enlevez le couvercle pour charger le fourneau, et vous faites sur la grille qui termine le corps du fourneau un lit de copeaux, de coke et de charbon de bois. Vous allumez et vous replacez le couvercle surmonté d'une petite cheminée en tôle pour activer le tirage. Quand le coke et le charbon, qu'on a choisis de grosseur moyenne, sont bien allumés, vous retirez le couvercle pour placer la moufle.

La moufle a la forme d'un cylindre fermé par un bout, coupé dans sa longueur et dont on aurait pris la moitié. Il y deux sortes de moufles : la moufle ouverte qui n'a pas de base, et la moufle fermée qui n'est ouverte que sur le devant.

On peut se servir de l'une ou de l'autre indifféremment : dans la seconde il y a moins de danger de brûler l'émail qui est d'autre part mieux préservé de la poussière ; on badigeonne la moufle intérieurement, par surcroît de précaution, de minium délayé dans un peu d'eau. La première est plus simple, elle repose tout simplement sur le charbon lui-même qui forme la base, c'est dans la moufle ouverte que nous faisons cuire nos émaux ; vous choisirez la grandeur et le modèle qui vous conviendront le mieux.

Nous ferons observer que la cendre qui tombe sur l'émail en fusion et que les pétillements du charbon ont soulevée, ne fait pas prise avec lui et qu'il n'en résulte aucune tache; c'est pour cette raison que nous choisissons la moufle ouverte, dans laquelle l'opération est plus rapide.

Vous placez donc votre moufle, dans l'intérieur, sur des supports adhérents au fourneau et disposés pour la soutenir. Vous chargez alors le dessus de la moufle avec du charbon de bois et du coke comme précédemment, de manière à remplir les vides latéraux et à avoir au-dessus une épaisseur de charbon de $0^m,05$ à $0^m,06$. Vous devez proportionner cette épaisseur à la quantité d'émaux que vous avez à cuire pour que le feu ne tombe pas tout à coup; il est vrai que vous pouvez l'alimenter en jetant du combustible en dessous et en dessus pendant l'intervalle de la cuisson d'un émail au suivant. Quand le fourneau est bien allumé, la moufle se trouve dans un centre régulier de chaleur, le feu l'enveloppe de tous les côtés. C'est le feu qui surplombe qui donne le glacé à l'émail. Il est donc très important que le dessus de la moufle soit toujours chargé d'une couche très épaisse de combustible bien allumé, le feu doit être modéré en dessous. En renversant l'ordre que nous venons d'établir, l'épreuve s'altérerait dans le feu et ne glacerait jamais.

A ce moment, vous fermez toutes les ouvertures,

et quand l'intérieur du fourneau a atteint la couleur rouge cerise, qu'il ne faut pas dépasser (on ne le peut guère, du reste, sans luter l'appareil), vous portez l'émail dans l'intérieur en découvrant l'ouverture qui se trouve en face de la bouche de la moufle dans la disposition de four. Le résultat ne se fait pas attendre : il faut une ou deux minutes, plus ou moins, selon l'intensité du feu, pour cuire un émail dans la moufle ouverte.

Ici les yeux vous guideront d'une manière sûre. Voici ce qu'on doit faire et ce qu'il importe d'observer : on commence par placer dans la moufle un rondeau de terre réfractaire, et on lui laisse prendre la température rouge cerise. On pose d'autre part l'émail sur un autre rondeau. Les pièces sont nécessairement beaucoup plus grandes que l'émail, car on doit pouvoir les saisir avec la pince d'émailleur sans toucher à la plaque d'émail. Il faut avoir soin de placer cette dernière dans le milieu de la pièce en terre réfractaire, car si dans le feu la plaque émaillée dépassait, la partie qui ne porterait pas s'affaisserait par le ramollissement du cuivre, et l'émail serait perdu.

On ouvre en ce moment la porte du fourneau dans lequel se trouve le premier rondeau, et l'on pose celui qui porte l'émail sur l'appendice ménagé exprès à l'ouverture de la moufle, pour chauffer la pièce à vitrifier, peu à peu, afin qu'elle ne se fendille pas par un changement subit de température.

On fait faire quelques tours à la rondelle, et quand on juge l'émail suffisamment préparé à recevoir le coup de feu, on saisit dans la moufle la rondelle chauffée au rouge cerise, en s'aidant de la pince d'émailleur, dite *relève-moustache*, on y fait glisser l'émail qui est posé sur le second rondeau et on le porte vivement dans le four. On suit l'émail de l'œil pour le retirer au moment favorable, c'est-à-dire, au moment de la fusion. La vitrification est presque instantanée.

Cette opération n'est pas difficile, et vous ne brûlerez jamais deux émaux. Si, par inexpérience vous avez gâté le premier, vous ne pourrez perdre les autres que par distraction.

Au moment de porter l'émail dans le feu, la surface en est mate et terreuse; vous devez le retirer quand il a pris du brillant et qu'il semble recouvert d'un vernis. Il ne faut pas attendre; on doit opérer lestement; il vaut mieux se tenir en deçà de la cuisson que de la dépasser.

On juge mieux en dehors du fourneau, et si vous n'avez pas atteint le point de fusion nécessaire, et c'est le manque de brillant sur l'émail qui vous en avertit, vous reportez la pièce dans le feu, et vous la poussez un peu plus. Quelques minutes suffisent pour cuire un émail, avons-nous dit, et cette inspection rapide que vous faites en dehors du fourneau pour juger du glacé de la surface émaillée, ne ralentit pas l'opération; l'émail reporté dans le feu reprend aussitôt sa température. Vous ne devez donc pas le quitter des yeux, et lorsqu'il présentera une surface polie comme une glace, vous le retirerez promptement.

Il faut se défier de l'activité du feu après un premier passage à la moufle, souvent un quart de minute suffit pour compléter la vitrification qu'on n'avait pas jugée suffisante.

Il est rare que l'émail ne sorte pas parfait dans sa cuisson après cette seconde épreuve. On peut du reste la renouveler autant de fois qu'on le juge nécessaire et sans danger pour l'image.

Il ne faut pas craindre que la pâte d'émail en fusion abandonne le cuivre en coulant de la surface convexe qui le supporte. Les choses ne se passent pas ainsi. Il est cependant prudent de placer le rondeau qui soutient la pièce bien d'aplomb dans la moufle, en égalisant autant que possible le lit de charbon avec la pince. Il faut aussi le retirer du feu avec un peu de précaution.

Si l'émail est grand, relativement aux dimensions de la moufle, il faut, pendant la cuisson, le retourner dans tous les sens, et la partie qui fait face à l'ouverture doit, dans le mouvement, passer par le point opposé.

La chaleur est moins forte à la porte de la moufle et l'émail ne se glacerait pas également partout. Pour les petits médaillons, cette précaution n'est pas de rigueur.

Si, par défaut d'attention, vous laissiez l'émail trop longtemps dans le four, l'image *passerait.* Elle perdrait sa vigueur comme l'épreuve photographique trop virée, et vous n'auriez, après refroidissement, qu'une épreuve à peine accusée. Ce fait résulterait de la volatilisation des matières colorantes décomposées par la chaleur.

En retirant l'émail du feu pour le laisser refroidir, vous devez prendre les même précautions qu'avant.

La chaleur doit le quitter graduellement, et le passage brusque d'une température élevée à celle du laboratoire pourrait le faire écailler.

Vous le laissez donc, en le retournant, quelques instants sur le devant du four, et vous le portez après dans l'intérieur du laboratoire, sur un rondeau en terre cuite ou sur une plaque de métal, pour le laisser refroidir entièrement.

Ne soyez pas inquiets lors de vos premiers essais, si vous ne voyez plus trace d'image ou à peu près, quand l'épreuve sort du feu ou même pendant la cuisson.

Toutes les matières vitrifiables blanches ou noires incandescentes, prennent le même ton, le ton cerise, qui est celui de la température du fourneau et de tout ce qu'il renferme. Les oppositions de couleurs ne peuvent donc plus être sensibles. L'image, régénérée par le feu, revient avec le refroidissement.

Le fond se montre d'abord d'un jaune sale peu agréable, mais au bout de quelques minutes, l'émail reparaît dans toute sa blancheur et dans tout son éclat. L'image terne s'est transformée dans son passage à la moufle, et vous retrouvez cette finesse et ce moelleux qui charment dans l'émail.

Souvent l'émail, après le premier passage à la moufle, n'a pas tout le brillant qu'on pourrait désirer. On avive l'éclat en le frottant, quand il est froid, avec la *brillantine* qu'on prend sur un chiffon légèrement humecté. On essuie ensuite avec soin, car il ne doit rester aucune trace de cette matière sur la plaque. On passe une seconde fois au four. Il suffit, pour que le glacé arrive, de chauffer l'émail au rouge sombre. Si cette opération est renouvelée à chaque passage au feu, les émaux auront toujours un éclat extraordinaire.

On polit une dernière fois la pièce quand elle est entièrement achevée, en la lustrant avec la poudre à brunir, qu'on emploie comme la précédente.

CHAPITRE IX.

De la troisième et de la quatrième retouche.

Nous n'avons pas fini avec la retouche. Mais, au point où nous en sommes, elle est généralement de peu d'importance. Ce sont quelques coups de pinceau à donner.

Au reste, la retouche n'est que l'accident. En conduisant bien les opérations et avec un peu de pratique, on produit les émaux dans des conditions telles que les accidents deviennent très rares. Il en est de cela comme des autres travaux photographiques.

L'amateur surtout, qui n'a pas besoin de livrer son travail à jour fixe, peut éviter tous les ennuis en ne passant au feu que les épreuves qui ne laissent rien à désirer.

Ce n'est pas dans le feu que l'émail se tache, et la troisième et la quatrième retouche que nous sommes en train d'expliquer, sont le plus souvent amenées par les retouches antérieures.

L'émail, la cuisson à part, qui est l'opération la plus simple, s'obtient aussi facilement sans défaut qu'une épreuve sur papier, et le feu n'amènera jamais à retoucher.

Faites donc votre choix et ne vitrifiez que les épreuves qui vous paraissent parfaites. Mais il arrive cependant que l'amateur tient à certains effets qui sont le résultat d'une cause accidentelle; d'autres fois les clichés sont incomplets, et l'on ne saurait les refaire, le photographe lui-même est pressé dans ses livraisons. C'est pour parer à tout cela que nous donnons les moyens de corriger les épreuves défectueuses.

Nous ne voudrions pas laisser croire que la production de l'émail n'est possible que par la retouche et qu'il est amené par une série de corrections.

Nous supposons donc que, malgré les soins que nous avons donnés jusqu'à présent à notre travail, il se trouve encore sur nos épreuves du blanc à ajouter ou du noir à supprimer.

Nous commençons par retoucher les parties blanches, et nous broyons un peu de poudre d'émail, suivant la formule précédemment indiquée, avec quelques gouttes d'essence de lavande et une pointe d'essence grasse.

La retouche se fait toujours en frappant avec la pointe du pinceau. Il faut bien se garder à ce moment de prendre de la même poudre d'émail qui nous a servi jusqu'ici. Elle doit être modifiée et appliquée avec plus de réserve. Pour bien faire comprendre la nécessité de cette modification, il nous faut entrer dans quelques détails sur la composition de la poudre d'émail.

La poudre noire qui nous a donné l'image fixée dans la moufle est composée d'éléments hétérogènes. Nous entrerons plus tard dans des détails précis en donnant les formules.

Il suffit, pour le quart d'heure, de parler de ces deux parties principales, qui sont l'oxyde et le fondant. L'oxyde, quelle que soit la nature du métal qui le produit, qu'il dérive du cuivre, du fer, du manganèse, etc., est une matière inerte. Il ne joue dans la cuisson, sauf quelques cas, que le rôle de colorant, et dans les couleurs vitrifiables qui varient du brun au noir, dans celles, en un mot, qui sont le plus employées dans les émaux photographiques, le ton ne change pas au feu.

L'image, au sortir de la moufle, offre le même aspect que la poudre sous le rapport de la couleur. Le noir ou le noir brun ne sont pas sensiblement modifiés.

Les oxydes ou les poudres colorantes ont pour véhicule le fondement fusible qui, en se liquéfiant au feu, fixe l'oxyde sur la plaque d'émail en faisant corps avec elle.

Ces prémices posées, voici comment il faut attaquer la retouche après la cuisson.

En général, la poudre d'émail, que nous préparons, renferme deux ou trois parties de fondant pour une d'oxyde. C'est ce dosage qui est à modifier pour le besoin du moment. Vous devez ajouter un tiers en plus de fondant, plus ou moins, à la poudre que vous broyez à l'essence pour la retouche.

Dans l'application de cette poudre, on doit rester au-dessous du ton général, si l'on veut avoir un ensemble régulier quand on a cuit définitivement pour fixer la retouche. En effet, l'image primitive est formée par une couche de poudre sans profondeur, et comme elle existe déjà sur la partie que vous retouchez, si peu que vous en ajoutiez, vous dépassez presque toujours le ton, si vous voulez mettre d'abord le tout à l'unisson et surtout si vous n'avez pas ajouté le fondant, qui diminue l'intensité de la teinte.

La poudre, comme on le voit, modifiée de cette manière, offre moins de matière colorante sous un même volume. Dans ce cas, vous imitez le peintre d'aquarelle qui ajoute de l'eau pour affaiblir une teinte, et qui passe cette teinte sur les parties du dessein qu'il veut monter d'un ton ou d'un demi-ton.

Indépendamment de ce rôle, cette addition de fondant donne plus de brillant et accélère la fusion.

CHAPITRE X.

Emploi de l'acide fluorhydrique. — Quatrième retouche.

On peut, quand l'émail est entièrement terminé, adoucir les traits trop accusés et unir les ombres en promenant sur la surface de l'émail un pinceau trempé dans un mélange d'eau et d'acide fluorhydrique. Cet agent attaque violemment les corps vitrifiés, c'est-à-dire la silice qui en est la base.

L'acide fluorhydrique est un liquide incolore qui répand à l'air des fumées blanches et qui se dissout dans l'eau en produisant un bruit pareil à celui du fer rouge trempé dans le même liquide.

Concentré, c'est le corps le plus corrosif que l'on connaisse. On ne doit employer ce produit qu'avec les plus grandes précautions, pour deux motifs :

Il attaque d'abord fortement l'émail, et de plus il peut occasionner, par son contact avec les mains, des brûlures profondes et difficiles à guérir [1].

[1] En cas de brûlure par l'acide fluorhydrique, on doit couvrir la blessure d'un linge trempé dans l'ammoniaque liquide coupé d'eau.

On le conserve dans un flacon en gutta-percha ou en plomb, et les quelques gouttes qu'on prend pour les besoins du moment doivent être versées dans une capsule également en plomb ou en gutta-percha.

Voici un dosage convenable :

Eau.	100gr
Acide fluorhydrique	10

On touche donc avec le pinceau la partie qu'on veut ramener, et l'on essuie sans attendre, avec un chiffon, en épongeant et sans traîner, pour juger de l'effet produit. Le pinceau doit être épongé sur une feuille de papier buvard, avant de toucher à l'émail.

Si l'on ne prenait pas ce soin, l'émail pourrait être attaqué sans qu'on s'en aperçût, car l'acide n'agit que sur la silice et pas du tout sur la poudre. Le travail s'opère en dessous, et rien ne paraît à la surface.

Ce n'est qu'en essuyant qu'on peut se rendre compte du résultat. La poudre détachée cède sous la pression du chiffon, et l'on voit ainsi si la partie est suffisamment éclairée.

Si vous n'opérez pas avec la plus grande prudence, vous aurez de larges pâtés blancs là où vous vouliez faire une correction insignifiante.

Nous ne conseillons qu'à regret l'emploi de l'acide fluorhydrique. Il vaut mieux se tenir en deçà quand on retouche au début après la première fusion, et y revenir plutôt à deux reprises avec la poudre d'émail, additionnée de fondant.

Nous n'avons pas besoin d'ajouter qu'il faut glacer l'émail au feu *après chaque retouche*. Ces corrections seront faites pendant que le fourneau est allumé.

On peut retoucher l'émail dès qu'il commence à se refroidir, et le remettre sans tarder dans la moufle.

On utilise avantageusement l'acide fluorhydrique sur les émaux manqués. Si la fusion a été poussée trop loin, et si l'émail est perdu, on fait disparaître toute trace d'image, en plongeant le médaillon dans cet acide dilué dans les proportions que nous avons indiquées. On frotte avec un pinceau la surface de la plaque, et à mesure que la base est attaquée, la poudre qui d'adhère plus est enlevée par le pinceau.

Si l'on ne se servait pas de pinceau, l'émail pourrait être rongé jusqu'au cuivre, et l'on ne s'en apercevrait pas, car la poudre noire n'est pas déplacée par l'action de l'acide.

Nota. — L'emploi de l'acide fluorhydrique est indispensable pour aviver les lumières après la vitrification.

CHAPITRE XI.

Du coloris.

Nous avons fait de nombreuses recherches pour simplifier le coloris de l'émail photographique.

Des artistes de talent qui se sont mis à l'œuvre sont arrivés, après quelques essais, à des résultats auxquels ils ne s'attendaient pas. Ils ont compris l'importance d'une palette préparée par le chimiste avec des couleurs qui ne diffèrent pas à l'œil des couleurs ordinaires, et qui, ne changeant pas au feu, conservent la valeur des tons et des demi-tons qui forment l'ensemble du coloris.

Cette palette a toujours été le secret des peintres sur émail et sur porcelaine, et en réalité ce genre de peinture, si le choix des couleurs est laissé à l'artiste qui avant essai ne peut en juger que sur l'apparence, offre en effet de grandes difficultés et requiert une longue pratique.

La difficulté subsisterait toujours si les pièces

devaient être soumises à la cuisson prolongée des fours à porcelaine.

Mais le travail devient aussi simple que le coloris d'aquarelle, si toutes les couleurs vitrifiables ont été préparées par la même main en vue de ce travail, et si la vitrification se fait dans le four d'émailleur.

C'est dans le four à émail que nous devons cuire et la porcelaine et la plaque, et le feu fixera en quelques minutes toutes les nuances.

Nos couleurs, comme nous l'avons dit ne diffèrent en rien à l'emploi de celles qui servent à l'aquarelle. Elles glacent toutes à la même température; et à ce degré, l'image qui fait le fond du dessin n'a rien à craindre ni d'un second ni d'un troisième coup de feu. Il faut donner aux tons un excès de vigueur. Les couleurs pâlissent légèrement. La moufle atténue les teintes comme le fait le virage dans les épreuves sur papier.

Il résulte de ce qui vient d'être dit, que toute personne qui sait conduire un pinceau peut attaquer l'émail sans hésitation; notre laboratoire étant ouvert à tous, nous constatons chaque jour la surprise des peintres que la curiosité amène, et qui sont étonnés du peu de difficulté de ce genre de peinture.

Les spécialistes ont toujours fait un grand mystère de leur méthode. S'il y a secret, nos lecteurs seront initiés.

Si l'on voit peu d'émaux coloriés, c'est que la photographie fixée par le feu n'est pas encore assez répandue. Les quelques maisons qui se livrent spécialement, à Paris, à la photographie sur émail, trouvent elles-mêmes peu de coloristes.

Nous pourrions en nommer qui ont accepté les travaux de nos élèves, et ces élèves avaient atteint la perfection *après quelques jours d'étude.*

Il faut avouer aussi que ces essais rapides étaient tentés par des mains habiles, qui n'avaient rien à apprendre chez nous que la manière d'employer les couleurs vitrifiables.

Quoi qu'il en soit, ces détails tendent à constater que la peinture sur l'émail est à la portée de toute personne qui sait diriger un pinceau. Sans être un grand artiste, le photographe habitué à la retouche peut aborder ce genre avec assurance. Ce travail est d'autant plus commode, que le coloriste n'a pas à dessiner les traits.

La ressemblance est ici toute trouvée. Il s'agit simplement de suivre le dessin et d'appliquer des teintes plates en remplaçant le blaireau par le putois.

Le putois est un pinceau cylindrique et sans pointe. Toutes les teintes s'appliquent en tamponnant. On ne se sert du pinceau fin en martre que pour arrêter les lignes déliées, des yeux, de la bouche, etc.

La perfection, dans ce genre de peinture, dépend

beaucoup de la qualité des pinceaux qu'on emploie et du broyage intime des couleurs.

Les poils de putois et de marte doivent être exclusivement employés : les pinceaux en martre sont résistants. Les couleurs préparées à l'essence de térébenthine et épaissies par l'essence grasse exigent des pinceaux durs. Tout coloriste est tenu de broyer ses couleurs.

Les putois sont taillés en rond ou en biais, c'est-à-dire en pied de biche. Cette dernière forme, qui rend des services réels quand on décore les pièces de porcelaine dont les formes varient sans cesse, n'a aucune utilité dans la peinture sur émail.

Le figuriste se munira d'une série de putois taillés en rond. Il en faut de toute grandeur ; mais les plus petits serviront le plus souvent.

L'ensemble du coloris ne peut être fait qu'à l'aide du putois. C'est la méthode adoptée et la seule possible dans l'emploi des couleurs broyées à l'essence grasse. Il ne serait pas possible d'appliquer des teintes plates, comme on le fait sur le papier.

L'émail est un corps dur, et qui n'absorbe pas la couleur. Le putois, dirigé avec patience et précision, peut seul donner une couche régulière de couleur.

L'émail n'est colorié qu'après une première vitrification.

L'épreuve destinée à recevoir la couleur doit être développée avec une poudre de couleur brune.

Il faut rejeter dans ce cas le ton noir ou noir bleuté.

On doit, avant l'application du coloris, s'assurer que toute la surface de l'épreuve est sortie entièrement glacée du premier feu. Les couleurs préparées pour le coloris de l'émail ne sauraient supporter un coup de feu violent; et comme elles ne peuvent être fixées que par une température moyenne, c'est-à-dire, quand le four commence à baisser, on n'arriverait jamais à glacer les grandes ombres qui seraient restées mates après le premier passage à la moufle.

Nous avons dit que toutes les couleurs, qui servent dès le principe à obtenir l'image, devaient être broyées une seconde fois à l'eau, et que la finesse du dessin dépendait de la perfection du broyage. Les couleurs destinées au coloris doivent subir la même opération.

On les broie avec une mollette en verre sur une glace dépolie, avec un peu d'essence de térébenthine additionnée d'une goutte d'essence grasse. Il y aura toujours avantage à broyer d'abord les couleurs à l'eau, et de les reprendre à l'essence après dessiccation.

On prépare les couleurs à l'avance. Un décigramme de chaque ton suffit pour colorier une centaine de portraits. Il faut donc en préparer très peu; mais le broyage doit être fait avec un soin minutieux. Cette condition est indispensable si l'on veut obtenir de grandes finesses. On doit renoncer à tous succès dans ce genre de peinture, quel que soit le talent de l'artiste, si on ne veut pas se soumettre à ce travail préliminaire et ennuyeux.

Quand tous les tons sont préparés, on les pose dans les cavités d'une palette en porcelaine garantie par une enveloppe de fer-blanc. Le couvercle de la palette porte une glace dépolie qui s'applique exactement sur la porcelaine.

Nous ne saurions trop recommander au coloriste de garantir sa palette des atteintes de la poussière. Le portrait sur émail est une miniature qui doit être retouchée à la loupe, et les corps étrangers, mêlés aux matières colorantes, entraîneraient après la cuisson des retouches incessantes.

Il faut admettre en principe que l'émail, après le premier passage à la moufle, ne doit être remis au feu que le moins possible.

On évitera de mélanger certaines couleurs vitrifiables qui se détruisent les unes par les autres. Les jaunes, par exemple, rongent les rouges. On applique dans ce cas le premier ton, on cuit et on passe la seconde teinte qui est le complément de la première. On a ainsi, sans mélanger les deux couleurs, le résultat cherché. Les couleurs brunes ou noires peuvent sans inconvénient être mêlées en toute proportion. Le vert peut sans danger être mêlé au bleu, mais on vitrifierait d'abord un ton rose, rouge ou carmin, avant de recouvrir ces couleurs d'une teinte verte ou bleue, si le cas échéait.

Il faut dans le coloris de l'émail, avant chaque passage au feu, faire un travail d'ensemble et renforcer, autant que possible, tous les tons fixés par la cuisson précédente.

La pièce à colorier passe en général trois fois au feu. On renforcera donc à chaque cuisson les habits, les cheveux et les grandes ombres du visage.

L'équivalent de ces trois couches de couleur, appliqué d'un seul coup, ne glacerait que difficilement; mais la même couverture, mise successivement par tiers, sortira brillante du four à émail, et l'on aura profité de chaque coup de feu pour poser les teintes du visage qui ne résisteraient pas à un feu violent, nécessaire à la glaçure d'une couche épaisse.

Les teintes destinées à renforcer les habits et les cheveux sont, comme nous l'avons dit, appliquées au putois. On ne doit pas trop s'occuper de lumière, on peut toujours dégager les blancs avec le bois du pinceau taillé en forme de crayon. On les ramène au besoin, après la vitrification, à l'aide de l'acide fluorhydrique.

Dans les fonds qu'il faut refaire ou modifier, on ne doit pas se préoccuper des contours sur lesquels on empiète : le putois, par sa forme et son étendue, ne peut pas s'arrêter brusquement sur les lignes qu'il faut respecter; mais on a le soin, avant de fixer la couche, d'effacer, avec un chiffon roulé sur la hampe du pinceau, tout ce qui déborde de la teinte du fond, sur les contours du portrait.

C'est au figuriste surtout que nous nous adressons. Le coloris de la tête est le point délicat. Il est toujours facile de distribuer les teintes dans un paysage.

Dans l'émail, le blanc est supprimé de la palette. Les lumières données par la poudre blanche sortiraient du feu avec un relief qui nuirait à la glaçure générale, c'est au fond qu'il faut demander ces lumières.

Il suffit de toucher les points qu'on veut éclaircir avec un pinceau trempé dans l'acide fluorhydrique, coupé de 5 ou 6 fois son volume d'eau. Avant de poser le pinceau à acide sur l'émail, on doit l'éponger sur une feuille de papier buvard. Le pinceau à acide, dès qu'il ne sert plus, est lavé dans l'essence. Il serait promptement détruit si l'on négligeait ce détail.

Pour bien diriger la pose des couleurs, on en met une très petite quantité sur la palette, et si la préparation n'a pas été faite d'avance, on la broie à l'essence de térébenthine mêlée d'un peu d'essence grasse. On applique alors le putois sur la couleur étalée, et on fatigue le pinceau sur un émail blanc pour le décharger de tout excès de matière colorante.

Pour obtenir la teinte locale du visage et des mains, on pose une teinte générale de jaune et on passe au feu. Mais, pour profiter de ce premier glaçage, on colorie les bijoux et on applique les grandes teintes vertes, bleues ou violettes.

On étend ensuite le rouge, toujours en tamponnant; mais avant le passage au feu, et avant que la couche ne soit sèche, on renforce cette première teinte par une couche plus foncée, sur les parties qui doivent être plus accentuées en couleur.

On mêle au rouge une pointe de carmin (1). On donne ainsi la fraîcheur aux pommettes et au menton. On doit, en appliquant la teinte jaune, et pour profiter du coup de feu, colorier les lèvres et les parties qui exigent le ton rouge vif, sans mélange de jaune.

On ne peut pas procéder autrement pour la teinte locale du visage. Le camaïeu rougeâtre, qui sort du second feu, est ensuite modifié par l'addition des autres couleurs. C'est ainsi qu'on obtient la fraîcheur et l'harmonie. On reprend ensuite ce premier coloris. On revient avec un peu de carmin sur les lèvres et sur les joues. Il faut être très sobre dans l'emploi de cette couleur, qui s'accentue vigoureusement au feu.

En dernier lieu, on pose le bleu à la racine des cheveux, au-dessous des yeux, dans les grandes ombres qu'on veut rendre transparentes.

(1) Au grand feu du four à porcelaine, ce mélange ne serait pas possible.

On peut alors pointiller l'ensemble comme dans la miniature sur ivoire, si on le désire, mais le putoisé donne plus de finesse et l'opération va plus vite. On ne doit se servir du pinceau à pointe que pour dessiner les yeux, les lèvres et les lignes délicates qui déterminent les contours et qu'on veut renforcer ou modifier.

Nous n'avons pas l'intention d'écrire un Traité de peinture, nous voulons seulement indiquer au lecteur les règles à suivre dans l'application des couleurs vitrifiables. Les quelques observations qui précèdent suffisent. On doit en tenir compte et suivre, pour le reste, la route indiquée dans tous les genres de peintures.

Les pinceaux trempés dans les couleurs broyées à l'essence exigent beaucoup de soin. On évitera surtout de leur laisser prendre un faux pli. Ils seront lavés, après le travail, dans l'essence de térébenthine, et, après les avoir passés dans une eau de savon, on les rincera à l'eau fraîche. On les essuie ensuite avec un chiffon sec.

Ces pinceaux s'améliorent par l'usage. On ne remplace pas facilement un bon putois.

CHAPITRE XII.

Des vitraux.

Avant d'entamer ce chapitre relatif aux vitraux, nous croyons devoir recommander à nos lecteurs les pages intéressantes consacrées au procédé au photo-émail, par M. Baden-Pritchard, dans ses *Ateliers photographiques de l'Europe* [1]. Ce livre est d'ailleurs une véritable mine de renseignements et contient d'innombrables recettes, procédés, tours de main, etc., appartenant pour la plupart aux opérateurs anglais et que l'on chercherait vainement ailleurs.

Tout ce qui a été dit sur l'émail et sur la porcelaine est applicable aux vitraux. Ces épreuves transparentes peuvent être faites sur le verre ordinaire ou sur le verre opale.

La poudre d'émail doit être très fusible et fondre avant que le verre n'ait perdu sa rigidité. Nous avons ces poudres toutes préparées, mais on peut

(1) Paris, Gauthier-Villars.

employer celles qui sont destinées à l'émail, en y mêlant un tiers de fondant.

L'emploi du collodion devient inutile, puisqu'on n'a pas de transport à faire, et que l'image est produite sur le verre même qui supportera le feu de la moufle. Il ne faut pas craindre de développer vigoureusement le dessin, qui doit produire son effet par transparence.

Après le développement, et quand la couche sensible a repris un peu d'humidité, on recouvre l'image au blaireau avec le fondant N° 2. L'épreuve disparaît sous cette couche blanche, mais la fusion rendra transparente cette enveloppe protectrice qui préserve le dessin de toute altération.

Nous vitrifions ces épreuves dans le four qui nous sert pour l'émail. Nous ne nous adressons qu'à l'amateur, en parlant des vitraux, quoique notre méthode puisse comporter une application industrielle, car ce fourneau, qui peut répondre à tous les besoins, pour la décoration de la porcelaine, ne suffirait pas aux exigences du travail dans une fabrique de vitraux. Pour vitrifier l'épreuve développée sur le verre, on doit avoir sous la main une plaque de fonte polie. C'est sur ce support que le verre sera porté dans la moufle. Un autre soutien ne remplirait pas le même but. Le verre en fusion contracterait toutes les rugosités d'un support qui n'aurait pas une surface lisse. En fabrique, la cuisson des verres peints est faite tout autrement. Le verre est placé verticalement dans le four. On le cuit aussi en le posant horizontalement, comme nous le faisons. Mais nous ne pouvons pas régler le feu dans un appareil qui n'est pas construit pour cette spécialité. Nous aurons donc recours à la plaque de fonte.

Le verre est plus susceptible que la plaque d'émail. Un changement brusque de température le brise instantanément. On prendra donc les précautions nécessaires avant de l'introduire dans la moufle. Il faut le chauffer graduellement. Après la fusion, on le portera vivement dans une moufle fermée. La plaque de fonte sur laquelle la cuisson s'est faite communique à la moufle une température suffisante pour le recuit.

La fonte doit être polie après chaque opération, pour la débarrasser de l'oxyde de fer qui la recouvre. Cet oxyde s'attacherait sur le second verre qu'on passerait au four et nuirait à la transparence de l'épreuve.

On peut, en vitrifiant le verre, donner au vitrail la forme que l'on désire. On place le verre en équilibre sur un moule en fonte, affectant la forme ovale ou demi-cylindrique, le verre, cédant au moment de la fusion, prendra la forme du support, et l'image ne contractera aucune déformation. C'est ainsi que procèdent les bombeurs de verre.

Il est un moyen facile de dégager le dessin sans

préparatifs préalables, et de lui donner sur le verre une forme nette et déterminée, ronde, ovale, carrée, etc. Quand l'épreuve a été recouverte de fondant et qu'elle est prête à cuire, on sèche la couche près du feu, et l'on applique sur le verre un calibre affectant la forme qu'on a choisie. Avec un chiffon légèrement humide, on suit les contours du calibre, et la ligne qui détermine le dessin se trouve tracée avec beaucoup de précision. On nettoie la feuille de verre, et le dessin protégé par le calibre se trouve isolé au milieu du verre. On obtient des effets divers en se servant de verres colorés à l'avance. Ces verres sont doublés. La couleur n'est, en fabrique, appliquée que d'un seul côté. On peut donc protéger le dessin après la cuisson avec notre vernis spécial, établir des réserves sur la face opposée, et en plongeant ensuite le vitrail dans l'acide fluorhydrique, à 10 pour 100, en peut, même sans coloris, obtenir trois nuances et multiplier les effets.

CHAPITRE XIII.

Photographie sur porcelaine.

Nous avons visité plusieurs ateliers affectés à la décoration de la céramique.

Nous y avons rencontré des chefs intelligents, des peintres habiles ; mais, chez les uns et chez les autres, l'ornementation par la voie photographique est en plein discrédit.

Quelques-uns cependant nous ont montré des spécimens qu'ils appréciaient fort. Mais ces résultats, à leur avis, étaient dus au hasard. En fin de compte, ils renonçaient à ce travail qui n'avait rien de précis et sur lequel il n'était pas possible de compter.

Nous adopterions volontiers leurs conclusions, si nous en étions à suivre leur méthode.

Une méthode incomplète a été condamnée dès l'origine, mais l'on ne s'aperçoit pas qu'il se fait chaque jour de nouveaux progrès dans la voie que nous suivons. La photographie peut prétendre aujourd'hui plus haut qu'elle ne le faisait il y a dix ans.

On a du reste remarqué que les procédés que nous donnons sont sûrs. Ils sont le résultat des expériences des autres et de nos recherches personnelles. Nos livres ne sont pas des compilations stériles. Nous avons à cœur de déterminer les faits avec certitude.

Nous nous engageons donc à décorer, devant celui qui pourrait avoir des doutes, un vase quelconque en porcelaine. Si précieux qu'il soit, nous le garantissons. Nous obtiendrons, à chaque expérience, un glacé égal à celui de la pièce à décorer et une image bien venue. L'objet, à moins d'accidents imprévus, sortira toujours intact du feu et supportera le recuit sans se briser.

Nous prions le lecteur de partager notre assurance. Car en suivant nos explications, il deviendra bientôt lui-même, après essais, aussi affirmatif que nous.

Une chose n'est pas impossible parce qu'elle n'a pas été faite, ou mieux, parce que la méthode n'a pas été franchement et loyalement donnée.

La photographie sur émail offrait, disait-on, des difficultés insurmontables. Le contraire est prouvé aujourd'hui, et la décoration de la céramique, reposant sur les mêmes données, doit être rangée au nombre de ces travaux qui sont d'une exécution courante.

Nous avions seulement touché à cette partie intéressante dans la première édition de ce livre, nous donnerons aujourd'hui tous les détails nécessaires, et nous sommes convaincus que les amateurs réussiront complètement dès les premiers essais.

La méthode diffère peu de celle que nous avons décrite précédemment et qui a l'émail pour objet.

On croit généralement que la porcelaine est décorée avant la cuisson : le cas existe cependant.

Le photographe ne doit s'occuper que de la porcelaine déjà cuite, quoique la photographie puisse toucher à tout, dès qu'il s'agit de dessin ; il ne faut pas admettre cependant que toute impression lui incombe quand même, et qu'elle puisse lutter toujours avec avantage avec les méthodes anciennes.

L'industrie veille et progresse. Elle a imaginé des moyens expéditifs pour produire vite et à bon marché.

Elle a recours à la gravure et à la lithographie, et des impressions polychromes tirées avec des encres vitrifiables, sur du papier à décalque, sont depuis longtemps instantanément reportées sur porcelaine et fixées sur le feu. Mais ces épreuves ne pourront jamais lutter avec celles qui sont données par les procédés photographiques.

Le photographe, perfection à part, est dépassé par l'imprimeur sous le rapport du prix de revient quand il s'agit de livrer au commerce une épreuve quelconque tirée à des milliers d'exemplaires.

Mais le photographe est placé sur un terrain avantageux, si le tirage est restreint, car il ne faut que quelques secondes pour obtenir un cliché photographique, tandis que le dessin sur pierre est coûteux et que la planche de métal gravée exige du temps et des frais considérables.

L'industriel qui voudrait se livrer à la décoration de la céramique, se trouvera, vis-à-vis du fabricant de porcelaine, dans le même cas que le photographe dans la lutte qu'il a à soutenir contre l'imprimeur.

Cette lutte du reste ne saurait être de longue durée, puisque la photographie commence à remplacer le burin et le crayon, et que la lumière peut graver le métal et encrer la pierre et la gélatine.

Les décorateurs, à Paris, se bornent à décupler par l'ornementation la valeur des pièces blanches qu'ils achètent en fabrique ou sur place. Nous ferons comme eux.

On choisira de préférence la porcelaine de Limoges. Dans le double passage à la moufle, exigé par le procédé, nous n'avons eu que très peu d'accidents, et, dans ces cas mêmes, les pièces ne se sont brisées que par défaut de précautions.

Il faut très peu de temps pour vitrifier un portrait sur une tasse à café, par exemple. Nous nous servons du fourneau d'émailleur, et quand ce fourneau fonctionne, on peut, en dix minutes, achever l'opération. Les manipulations que nous avons indiquées pour l'émail s'appliquent à la porcelaine.

Ce n'est qu'au moment du transport que les modifications qui vont suivre deviennent nécessaires. Nous avons dit que l'épreuve collodionnée, au sortir du bain d'eau acidulée, était, après un lavage suffisant, transportée dans l'eau sucrée. Il faut substituer à ce dernier liquide un mucilage de pépins de coing, additionné de 20 p. 100 d'une solution saturée de borate de soude fondu.

Cinq ou six grammes de pépins de coing, jetés à froid dans un litre d'eau, rendent le liquide suffisamment agglutinant. On peut l'employer après cinq minutes de macération.

Nous prenons donc :

Eau.	1000gr
Pépins de coing.	5
Eau saturée de borax. . .	200cc

Après filtration, on verse ce mélange dans une cuvette. On détache alors la pellicule de collodion de la glace, et on la fait glisser sur la surface du liquide. On coupe un carré de papier blanc qui est glissé, dans la cuvette, sous la pellicule. Ce papier sert à soulever l'épreuve sans la froisser. On applique alors le papier sur la soucoupe ou sur la tasse qui doit recevoir l'image. C'est le collodion et non le papier qui doit être en contact avec la porcelaine.

Nous ferons observer que nous opérons ici inversement à ce qui a été prescrit pour l'émail. On remarquera, en effet, que nous mettons la poudre en contact direct avec la plaque émaillée, et que, dans ce cas, le collodion se trouve en dessus; tandis que, dans le transport sur porcelaine, c'est la pellicule de collodion qui touche à la porcelaine. La poudre qui forme l'image n'est donc protégée par aucune enveloppe, et sec ou humide, le dessin peut, avant le passage à la moufle qui le fixe, s'effacer sous le doigt. Après le transport, on laisse sécher la pièce près du fourneau.

Dans l'émail, nous avons détruit le collodion dans l'acide sulfurique. Ce moyen ne serait pas applicable à la porcelaine dont les formes varient à l'infini et qui, par leur volume, exigeraient des quantités de cet acide dangereux dans les manipulations.

Nous laissons au feu le soin de détruire le collodion. En plaçant les pièces dans la moufle chauffée au rouge cerise, le collodion brûle instantanément, et cette destruction n'amène aucun désordre dans le dessin. Le succès de cette opération est dû au contact direct du collodion sur la porcelaine. Si la poudre d'émail touchait au subjectile, aucun dessin ne sortirait intact du feu.

Cette méthode peut, du reste, s'appliquer à l'émail, comme on a pu le voir. Dans ce cas, il n'est pas nécessaire de détruire la pellicule. Nous préférons cependant le passage à l'acide sulfurique, qui permet une première retouche avant la vitrification. L'émail est plus susceptible que la porcelaine, et les points noirs qu'on enlève facilement avec la pointe d'une aiguille, résistent, après la vitrification, à toutes les attaques de l'acide fluorhydrique.

On doit éviter de détruire le collodion sur l'émail et opérer comme sur la porcelaine, quand les poudres ne peuvent pas supporter le contact de cet acide; il faut ranger, dans cette classe, le violet, le vert, le bleu et le jaune.

Après le transport, nous détachons délicatement le papier qui a servi de soutien à la pellicule. On laisse ensuite reposer l'épreuve pendant quelques minutes pour que l'eau en excès ait le temps de s'écouler, et quoique la poudre soit en dessus, on peut alors la presser contre la vase en porcelaine à l'aide d'un tampon de coton et en interposant, comme pour l'émail, une feuille de papier de soie, qu'il faut remplacer trois ou quatre fois. La dernière feuille ne doit plus contracter d'humidité sous la pression du coton.

Quand la pellicule est sèche, on taille avec un grattoir les bords du dessin pour lui donner la forme qui s'adapte le mieux aux contours du vase qu'on veut décorer. On peut encore enlever la poudre avec le doigt autour du dessin, et obtenir une épreuve dégradée. Ce travail est supprimé, si l'on a eu le soin de tirer le positif en dégradé. On porte ensuite dans la moufle.

La porcelaine est plus fragile que la plaque d'émail. La pièce se briserait, si l'on voulait la faire passer brusquement de la température ordinaire à celle du fourneau.

On la tient quelques instants dans le voisinage du feu. On la dépose ensuite sur un rond de terre réfractaire, et on la porte ensuite sur le haut du four, c'est-à-dire sur la cheminée même du fourneau. Au bout de quelques minutes, on la reprend avec la pince d'émailleur, et on la place devant la moufle. Il faut, pendant quelques instants, retourner la rondelle, et présenter au feu successivement chacune des faces du sujet. On introduit enfin la porcelaine dans la moufle et l'on ferme pendant quelques minutes la porte du four, contrairement à ce qui a été dit pour l'émail.

La poudre que nous employons pour développer l'image est plus dure que celle qui sert pour l'émail, mais elle n'a pas non plus la même composition que les produits employés dans les fabriques de porcelaine. Aussi ne doit-on pas craindre de voir passer l'image au feu comme sur la plaque d'émail.

Cette poudre noire peut supporter longtemps le feu de la moufle, sans altération, et quelques minutes de plus de séjour dans le feu n'entraîne aucun accident.

On retire la porcelaine du feu quand elle a pris la température rouge cerise, et on la porte immédiatement sur la cheminée du fourneau.

Aussitôt qu'elle a perdu son premier feu et qu'elle a repris sa couleur blanche, la pièce est placée dans une moufle fermée. On peut la retirer après un quart d'heure. On est alors sûr qu'elle n'éclatera pas au contact de l'air extérieur.

L'opération cependant n'est pas encore terminée. L'image adhère dès lors sur le glacé primitif de la porcelaine. Elle peut résister au frottement, mais elle manque de brillant. Elle se détache en mat sur l'ensemble du vase.

Les poudres d'émail que nous fabriquons pour cet emploi supportent très bien le feu de la moufle. Elles sont assez fusibles pour être fixées par le feu du four d'émailleur, et pour résister au frottement nécessité par l'emploi de l'essence grasse qui doit retenir le fondant qu'on applique ensuite à l'aide du blaireau.

On doit attendre que la porcelaine soit tout à fait refroidie pour commencer cette dernière opération.

On prend, à l'aide d'un chiffon, quelques gouttes d'essence grasse, qu'on étale sur toute la surface du dessin.

On essuie après, mais sans appuyer. Il faut enlever l'excès d'essence et ne laisser du corps résineux qu'une couche égale et mince, capable cependant de retenir une enveloppe légère de fondant. L'image doit être recouverte d'un voile blanc presque transparent. On doit pouvoir suivre en quelque sorte les lignes sous ce réseau blanc, mais ne plus les voir.

Il n'est pas utile d'attendre que l'essence se soit évaporée. On peut immédiatement porter une dernière fois la pièce dans la moufle avec les ménagements que nous avons indiqués.

Il faut surveiller cette opération et retirer le vase en porcelaine aussitôt que le fondant a pris l'éclat de l'émail. Pour obtenir un beau glacé, le feu doit être vif, mais il ne faut pas d'excès.

La pièce, au sortir du feu, est posée une seconde fois sur la cheminée du fourneau, et ensuite dans la moufle fermée qui la met à l'abri des courants d'air.

Les peintres sur porcelaine, qui ne voudront pas se borner aux épreuves monochromes, n'auront rien à changer ni à leur palette ni à leur méthode. Ils appliqueront directement le coloris sur la pellicule de collodion aussitôt qu'elle sera sèche.

L'épreuve que formera le dessous résistera parfaitement au grand feu des fours à porcelaine. Ils pourront ainsi produire à bon marché et livrer au commerce des dessins que le pinceau ne saurait produire.

Mais l'amateur et le photographe, qui n'ont pas l'habitude de ce travail, se serviront de nos couleurs plus fusibles, plus maniables, et fixeront leur coloris dans le four d'émailleur. Les couleurs seront, dans ce cas, appliquées sur la pellicule de collodion avant le premier passage de la pièce à la moufle.

Si quelqu'un de nos lecteurs désirait, sur ce sujet, un supplément d'informations, nous lui conseillerions d'étudier la brochure consacrée par un habile opérateur, M. Godard, à l'emploi de la lumière et à l'application de la photographie à la *Peinture et dorure sur verre* [1].

[1] Paris, Gauthier-Villars.

CHAPITRE XIV.

Plaques d'émail.

N° 1.

Les plaques émaillées destinées à recevoir les épreuves photographiques, doivent être choisies avec des soins tout particuliers. La plupart de celles qui sont livrées par le commerce sont fabriquées avec les matières mêmes qui devraient les faire rejeter.

Il y a deux sortes d'émail, le blanc et la pâte. Les formules en sont données à la fin de cet ouvrage.

L'habitude fait reconnaître, à première vue, les cuivres recouverts de l'un ou de l'autre de ces deux produits.

Les plaques émaillées avec le blanc sont plus unies, plus blanches et toujours sans piqûres. Les autres ont moins d'éclat. La surface n'est pas toujours sans défaut, mais leur supériorité est incontestable à l'emploi. Les cuivres recouverts de blanc seront donc écartés du laboratoire.

On ne doit pas non plus accepter la pâte sans choix. La fusibilité en est plus ou moins grande. La pâte doit être dure, mais sans excès, et fondre à une température de 800°.

On choisira ou l'on préparera une poudre d'émail fusible, au même degré que la plaque qui la reçoit. La concordance doit être exacte, autrement le résultat serait presque toujours compromis.

Les maisons spéciales, seules, peuvent offrir ces garanties à ceux qui veulent se livrer à la photographie sur émail.

Chaque fonte de pâte exige des essais : car la poudre d'émail, qui est dans un rapport exact avec la fonte qui a précédé, doit subir souvent des modifications profondes pour fonctionner normalement sur les cuivres émaillés avec le nouveau produit, préparé cependant avec les mêmes éléments et suivant le même dosage.

Dans la fonte de l'émail, l'exception est souvent la règle. Il faut reprendre le travail en sous-œuvre ; ce n'est que par des essais réitérés qu'on peut amener un résultat constant. Dans cette incertitude, l'expérience est le meilleur guide, et le fabricant ou l'amateur qui le remplace doit, dans ce cas, usurper le rôle de l'artiste.

Il ne sera certain de la bonne préparation de ses produits qu'autant que les épreuves qu'il retirera de la moufle, auront conservé toutes leurs demi-teintes et que les noirs intenses ne laisseront rien à désirer sous le rapport de la glaçure.

Nous ne reviendrons pas sur la fabrication de la poudre d'émail, mais nous exposerons la méthode de fabrication des plaques émaillées.

Nous avions gardé le silence sur ce point important, mais nous répondrons aujourd'hui aux demandes nombreuses qui nous ont été adressées.

Voici ce qui se fait dans nos ateliers.

Nous ne craignons à ce sujet aucune concurrence, et nous avertissons le lecteur qu'il est plus difficile de produire une belle plaque d'émail sans défaut qu'une excellente épreuve sans retouche.

Il faut avoir dans l'atelier et sous la main :

1° De la pâte blanche en pain. Nous l'expédions à ceux qui nous en font la demande. (*Émail blanc opaque.*)

2° Du cuivre vierge laminé, de l'épaisseur d'une feuille de papier. Il doit être plus fort pour les grandes plaques.

On s'assure de la pureté du cuivre par un essai préalable. On chauffe à cet effet le fourneau d'émailleur au rouge cerise, et l'on introduit dans la moufle une lame du métal à essayer. Si une flamme d'un blanc bleuâtre se développe, le cuivre renferme un alliage de zinc, il est impropre à la fabrication. Cette flamme est produite par le zinc qui se volatilise.

La pâte étalée sur ce métal inférieur se fendillerait au feu, et les quelques pièces qu'on pourrait réussir ne résisteraient pas à un second passage à la moufle. En brisant la couche émaillée qui enveloppe le cuivre, on remarque une couche d'oxyde de zinc entre le métal et la pâte.

Si, dans le même essai, le fourneau dégage une flamme verte, on peut être sûr de la pureté du cuivre, et en brisant dans ce dernier cas la plaque d'émail après la vitrification de l'image, la croûte vitrifiée se détache de son support, et le métal brille de son éclat naturel. Certes, la chimie offrirait une méthode plus scientifique pour s'assurer de la pureté du cuivre. Mais la science n'est pas à la portée de l'ouvrier; et nous avons vu souvent le travail arrêté et la matière première perdue, parce qu'on avait négligé cet essai si facile à faire.

L'émailleur est souvent arrêté comme le photographe, il ne produit pas; il perd son temps, et nous en avons eu plusieurs ouvriers qui attribuaient leur insuccès à l'influence lunaire, même lorsque le cuivre était allié à deux dixièmes de zinc.

3° Celui qui ne veut fabriquer des plaques d'émail que pour ses besoins peut se passer de matrices et d'emporte-pièces. Il peut tailler le cuivre en ovale avec des ciseaux ordinaires, et donner la forme convexe, en s'aidant d'une spatule en acier poli. Le cuivre taillé est, dans ce cas, appliqué dans la concavité d'une plaque d'émail déjà faite, qui sert de forme.

4° Le pilon et le mortier dans lequel on concasse l'émail blanc devraient être en agate. Mais l'onyx étant d'un prix élevé, nous conseillons de se servir simplement d'un mortier en verre ou en porcelaine, assez épais pour résister au choc.

5° On doit se munir de plusieurs spatules en acier poli. Les plus petites peuvent être en cuivre.

La plus grande spatule, qui doit être en acier, ne doit pas excéder un centimètre dans la partie plate. Ce sont les ouvriers émailleurs qui fabriquent eux-mêmes ces accessoires sans importance.

Il suffit, par exemple, d'aplatir un fil de cuivre et de polir la partie écrouïe qu'on doit recourber légèrement pour avoir un instrument convenable.

6° Quelques lambeaux de toile assouplie par l'usure complètent l'outillage qui est fort simple, comme on le voit.

N° 2.

Broyage de la pâte d'émail.

La pâte d'émail est d'abord concassée dans le mortier en verre sous une couche d'eau qui arrête les éclats. On la divise par le choc autant qu'on peut le faire. On commence le broyage quand les fragments sont assez tenus pour faciliter cette opération. La pâte n'est broyée que par petite quantité.

On croit généralement qu'il faut réduire l'émail en poudre impalpable. C'est une erreur, car on ne réussirait jamais une seule plaque avec une matière trop divisée.

La partie grenue est seule employée. En broyant, on lave continuellement le grain qui se forme sous le pilon, et l'on rejette les parties trop légères qui forment boue au fond du mortier. Le résultat du broyage doit offrir à l'œil un grain régulier pareil à celui du sable de rivière, mais beaucoup plus fin.

Tapage à l'émail.

Les lavages réitérés et faits avec les plus grands soins ne suffiraient pas pour épurer la pâte, quelle que fût l'attention apportée à ces opérations, si le produit broyé n'était pas *tapé*.

Voici ce qu'on entend dans les ateliers d'émaillage par le mot taper.

Après le broyage, on réunit dans un vase en verre, un cristallisoir par exemple, la pâte divisée qui sort des mains des ouvriers broyeurs.

Mais cet émail avant d'être tapé doit rester pendant cinq ou six heures dans le bain suivant :

Eau.	1000cc
Acide azotique pur.	1000

Toutes les poussières mêlées à la pâte d'émail pendant les opérations précédentes sont carbonisées par l'acide, qui n'a à cette dose aucune action nuisible sur le produit trituré.

Le séjour de la pâte d'émail dans ce bain n'est pas simplement une précaution, mais une nécessité.

Il ne serait pas possible de sortir du feu une plaque pure et sans points noirs, si l'on prétendait se soustraire à la manipulation ingénieuse et curieuse du *tapage*.

Le grain de poussière le plus fin, que l'œil ne distinguerait pas, même en le cherchant dans la masse, suffit au moment de la fusion pour amener des désordres qu'on s'expliquerait difficilement si l'expérience des ouvriers émailleurs n'en avait pas précisé la cause.

C'est en sortant du bain acide et après plusieurs lavages à l'eau ordinaire, mais filtrée, que l'émail est tapé.

Taper l'émail c'est donc laver le produit déjà broyé pour le débarrasser d'abord de l'acide, ensuite des parties trop légères et surtout de tous les corps étrangers décomposés par le bain acide.

Mais cette méthode singulière de lavage, tour de main qui doit être exécuté avec adresse et en connaissance de cause, exige les explications qui suivent.

La pâte broyée est très lourde et c'est la densité

du produit qui rend l'opération possible et facile.

On place ce qui a été broyé dans le vase désigné, avec de l'eau en abondance. Le tout est agité avec une règle et l'on imprime à l'eau et à l'émail un mouvement giratoire en tournant toujours dans le même sens.

Sous l'impulsion de la règle l'eau tourbillonne et forme entonnoir.

On saisit le moment favorable, c'est-à-dire l'instant où le tourbillon a toute sa vitesse, et l'on frappe un *seul* coup sec sur le liquide, avec une spatule en bois.

Le tourbillon s'arrête instantanément sous le choc. La pâte est précipitée brusquement au fond du vase et les poussières et les corps étrangers perdus dans la masse et invisibles avant, restent en suspens sur l'eau, par suite de leur légèreté, et se réunissent au centre, où ils forment une tache noire qu'on enlève avec une spatule.

Dans la pratique de l'atelier on projette par un mouvement brusque les impuretés hors du vase ainsi que l'eau blanche qui a servi à l'opération et qui tient en suspens une certaine quantité du produit trop finiment broyé et nuisible au travail.

On réunit ce liquide chargé d'émail aux eaux qui ont servi au broyage, et le dépôt recueilli peut être utilisé pour le contre-émail.

Cette opération est à recommencer trois ou quatre fois.

La quantité d'eau employée doit être moindre à chaque reprise et alors les poussières noires, après chaque *tapage*, se fixent au centre de la masse et prennent la forme d'une mouche bien distincte qui se poserait sur l'émail. Il est alors facile d'enlever ces impuretés, qui ne s'étendent que sur quelques millimètres carrés.

La pâte épurée et prête à servir est conservée sous l'eau dans un vase couvert.

On ne tape que la quantité nécessaire aux besoins de la journée.

Un dernier lavage est indispensable pour rendre la matière neutre. L'acidité est antipathique avec la glaçure, et c'est pour le même motif que nous avons conseillé des lavages réitérés et minutieux, quand la poudre ou la plaque ont été mises en contact avec un agent acide.

Le cuivre, préalablement formé, doit supporter deux apprêts avant de recevoir la pâte. Les pièces sont décapées dans l'acide azotique étendu d'eau. On les passe ensuite à l'eau fraîche sans arrêt, dès que l'éclat du métal s'est révélé sous l'attaque de l'acide. On rince dans plusieurs eaux, et l'on jette les cuivres dans une boîte pleine de sciure de bois, où elles sèchent en peu de temps. On reprend ensuite les formes en cuivre pour les passer dans la moufle portée au rouge cerise. On les range en file sur un support en tôle recourbée, pour les oxyder. Cette opération est de toute nécessité.

On surveille attentivement les pièces qu'on prépare, et quand elles ont pris dans le feu la couleur jaune orange, on les retire pour les couvrir de pâte après refroidissement. Il n'est pas nécessaire que le ton jaune orange soit régulièrement distribué sur toute la surface. L'oxydation de couleur bleue ou grise donne des résultats tout aussi bons.

Les émailleurs en cadrans de montre n'opèrent pas de la même manière que l'ouvrier en plaque. Ils laissent tomber le blanc sur les pièces à l'aide d'un tamis. Une seule couche suffit pour obtenir un glacé régulier et sans ondulation.

Le blanc d'émail mis à l'état humide sur le cuivre et égalisé à la spatule, comme nous allons le dire, donnerait aussi une surface brillante et une plaque sans défaut, une seule couche suffirait. Mais nous avons prévenu le lecteur que ce produit, que l'industrie peut livrer à bon marché, doit être rejeté par le photographe. Le blanc en plaque suffirait pour discréditer le procédé. Il peut être comparé au papier photographique de mauvaise qualité.

Les difficultés rencontrées dans le travail qui nous occupe naissent toutes du peu de soin qu'on met à choisir le subjectile. On ne s'aperçoit que tard qu'on paie trop cher ce qui coûte bon marché. Il faut dire aussi que le producteur, en présence d'une industrie nouvelle, ignore souvent lui-même l'usage auquel les produits sont destinés.

La pâte est plus difficile à employer. Il faut généralement deux ou trois couches de pâte pour obtenir une bonne plaque.

La première application de l'émail n'est, pour ainsi dire, qu'un apprêt qui dispose le métal à recevoir la vraie couche, qui est la seconde. Il ne faut pas oublier que le cuivre doit être recouvert sur les deux faces. On commence par le dessous et l'on cuit. On reprend ensuite la pièce, quand elle est refroidie, et l'on émaille le dessus. On passe une seconde fois à la moufle. On doit surveiller les deux couches qui enveloppent la feuille métallique. Il faut une même épaisseur en dessus et en dessous. L'émail doit opposer une résistance égale en tout sens à la dilatation du métal.

Si cette règle n'est pas observée, les plaques se fendillent au premier ou au second feu.

Pour couvrir la plaque de pâte d'émail, on se sert d'une spatule et d'un godet en porcelaine. Le godet reçoit une petite quantité d'émail, qui est prise dans la réserve, mise sous l'eau à l'abri de la poussière. On recouvre cette portion de pâte, déjà humide, d'un mucilage de pépins de coing.

On peut remplacer les pépins de coing par une dissolution de gomme adragante dans l'eau chaude.

La pâte en grain n'est pas noyée par le liquide comme le plâtre dans l'eau. Le grain dur et serré de l'émail n'est pas absorbant. Mais si l'eau était en excès, on aurait quelque peine à couvrir la spatule.

On charge la partie plate de cet outil de pâte d'émail, et on la porte sur le cuivre en égalisant la couche adroitement. Cette opération est assez délicate, car le grain, privé de toute propriété plastique, ne s'étale pas facilement.

La couche mise en place est épongée avec un chiffon de toile qui absorbe l'eau. Il est rare que la toile, si légèrement qu'elle soit appliquée, ne trouble pas quelques points de la surface. On répare le désordre une première fois avec la spatule, et l'on recommence, à plusieurs reprises, la même opération jusqu'au moment où la couche se trouve à la fois presque sèche et bien unie.

On porte enfin la pièce près du four. La couche d'émail doit être privée de toute espèce d'humidité, avant d'être soumise à la fusion. Il ne faut, du reste, que quelques minutes pour que la dessiccation soit complète.

On dispose alors délicatement les plaques pour les porter dans la moufle. L'émail en grain n'a pas une grande fixité. Le mucilage seul maintient le tout en place. Il faut y toucher avec précaution, si l'on ne veut pas que la pâte d'émail abandonne son support.

On range les formes en file sur une tôle mince, repliée en forme de V, dont la base repose sur une rondelle de terre réfractaire. La tôle est maintenue en équilibre par un moyen quelconque. On porte ensuite les formes dans la moufle. Le feu doit être vif. L'éclat rouge cerise tirant sur le blanc servira de règle. La couche doit être surprise par le feu. La fusion s'opère en quelques minutes, et l'on défourne quand la surface de plaque se montre brillante. Les grains sont alors soudés ensemble par la fusion.

Après le premier feu, la couche est irrégulière. Mais nous obtiendrons un meilleur résultat par l'application d'une seconde couche d'émail.

Après le premier feu, les plaques sortent du four, souvent piquées par une quantité plus ou moins grande de bouillons. Ce sont ces bulles d'air qui, en s'échappant du fond de la nappe en fusion, percent la couche. Le cuivre reste à nu sur ces points. Ces bulles d'air s'élèvent quelquefois jusqu'à la surface sans crever. Avant de recouvrir les plaques d'une seconde couche d'émail, on doit corriger ces imperfections. On perce les bouillons avec un poinçon d'acier, sans craindre d'élargir le vide laissé dans la couche, et l'on replâtre pour ainsi dire ces irrégularités, en se servant d'une spatule fine comme un bec de plume. On force la pâte d'émail à pénétrer jusqu'au cuivre. On cuit une seconde fois, pour opérer la soudure. L'opération est la même pour la seconde couche, qui doit être appliquée sur les deux surfaces de la plaque. Si des bulles nouvelles se forment, on y remédiera comme nous venons de l'expliquer.

On recouvre au besoin l'émail d'une troisième couche, si les deux premières opérations ne donnent pas un résultat complet.

CHAPITRE XV.

De la poudre d'émail.

La poudre d'émail doit être soumise à un traitement particulier avant d'être employée.

Vous ne devez pas vous en servir telle que nous la livrons. Il est difficile, du reste, d'en rencontrer de bonne qualité, à moins de la demander dans une maison spéciale, et encore faut-il qu'elle soit préparée et essayée par un chimiste qui en connaisse l'emploi, et surtout l'emploi en photographie.

Nous ne parlons, pour le moment, que de la poudre qui doit servir aux émaux monochromes, et qui doit posséder certaines qualités dont l'absence ne serait pas nuisible dans la peinture au pinceau, et même pour la retouche.

En effet, telle poudre d'émail dont le degré de fusion est réglé sur celui du support émaillé qui doit la recevoir, et dont la nuance plait après essai sur montre, est d'un emploi difficile et même impossible pour l'émail photographique.

L'émail qui nous occupe est soumis à d'autres règles que la peinture sur porcelaine. Dans la décoration de la porcelaine, il suffit que la couleur soit fusible au degré voulu, que la nuance soit propre à l'emploi, pour qu'on puisse l'adopter et s'en servir. Mais pour l'émail photographique, les qualités qui sont également requises ne suffisent plus.

Elles sont subordonnées à une propriété indispensable dont nous allons parler, et sans laquelle les meilleures poudres ne sauraient être employées.

Toute poudre d'émail qui n'adhère pas facilement sur la surface insolée doit être rejetée. Voici comment on peut la juger bonne ou mauvaise : préparez une glace, développez l'image à la plombagine; si le dessin sort bien, vous êtes certain et de la pose et de la qualité du collodion.

Renouvelez l'expérience avec le même temps de pose et le même cliché positif. Si le résultat n'est pas le même, vous devez rejeter la poudre d'émail, à moins que vous ne soyez pas dans les conditions que nous allons expliquer.

Comme nous l'avons dit, la meilleure poudre a besoin d'une préparation préalable. Si fine qu'elle soit quand elle vous est livrée, elle doit subir un dernier broyage, la porphyrisation.

Cette opération étant longue et ennuyeuse, nous vous engageons à n'opérer que sur quelques grammes à la fois, 10^{gr} par exemple : il en faut très peu d'ailleurs pour produire une série d'émaux.

Vous procédez au broyage, non pas sur un verre, mais sur une glace dépolie de 40^{cmq}, plus ou moins. Il faut de la place pour que le broyage soit facile et bien fait.

Vous mouillez la matière vitrifiable avec un peu d'eau, et prenant une molette de verre, vous décrivez des cercles, comme le fait le marchand de couleurs, pour la préparation de ses produits.

Il ne faut pas craindre de trop bien faire. Ce travail doit être poussé jusqu'à ses dernières limites. Si votre poudre n'est pas tout à fait impalpable, vous n'obtiendrez pas de finesse, et vos épreuves laisseront beaucoup à désirer.

La poudre d'émail doit être réduite à un tel état de division, que vous devez obtenir, en la mouillant avec quelques gouttes d'eau pour faire une teinte plate, la même finesse de grain qu'en prenant un bâton d'encre de Chine ou de sépia.

Il est vrai de dire cependant que la poudre d'émail vous est livrée presque impalpable, et qu'elle a subi la lévigation. Le travail est à peu près fait, mais si ténus qu'en soient les grains, broyez encore, nous n'insistons pas sans raison.

CHAPITRE XVI.

De la nature de l'émail et de sa composition chimique.

Les notions et les formules que nous donnerons dans ces derniers chapitres s'écarteraient un peu du domaine de la photographie, si cette découverte n'avait pas des applications sans limites, et si cet écrit ne s'adressait qu'à ceux qui veulent produire l'émail photographique monochrome.

Mais nous croyons être utiles et agréables à un certain nombre d'opérateurs, qui jugeraient inachevée notre tâche, fort modeste du reste, si nous ne donnions pas des notions complètes sur la nature et sur la composition de l'émail. Toute explication brève, mais précise, en rapport direct avec un travail quelconque, a son utilité, et tel qui commencera l'émail, cherchant dans cette ingénieuse application de la photographie un but de distraction, trouvera peut-être par lui-même ce qui est ignoré jusqu'à ce jour, et élargira par ses observations personnelles le cercle déjà grand qui inscrit les faits acquis à la photographie.

Nous nous plaisons à dire en passant que cette découverte, née d'hier, a donné une impulsion nouvelle à la chimie; d'abord en déplaçant son cercle d'action, et en forçant par son attraction chacun à y toucher plus ou moins. Elle a entraîné les savants à étudier les propriétés particulières de certains corps qui avaient échappé jusque-là à l'œil attentif du chimiste.

Une observation nouvelle, un phénomène inobservé qui se révèle tout à coup, peut plus tard, s'il est noté, prendre des proportions inattendues dans les mains d'un second ou d'un troisième observateur, amener des revirements complets dans la science et dans les arts, et donner des résultats industriels et sociaux qui ne se seraient pas produits dans la donnée première.

Dans la photographie elle-même, c'est Schéele qui fait en 1787 la première observation sur la sensibilité des sels d'argent. Sans les expériences de ce chimiste, M. le docteur Hooper n'aurait probablement pas donné, quelque temps après, un procédé pour tracer des caractères par l'action de la lumière. Ni ces observations, ni celles de Humphry Davis, de Wedgwood, ni même les travaux plus récents et plus précis de Nicéphore Niepce, qui obtenait l'image à la chambre noire, ne constituaient la photographie.

Daguerre profita des travaux faits par ses devanciers et donna une méthode pratique, modifiée encore depuis, mais qui fixait la véritable découverte.

C'est Ampère qui nous a donné la télégraphie électrique, mais avant lui Arago avait observé l'influence des courants sur les corps non aimantés. Avant ce dernier, Ærsted avait remarqué le même phénomène sur l'aiguille de la boussole. Nous remonterions ainsi à Volta, à Dufay, à Galvani, à Buschenbroëk, à Otto de Guéricke et plus loin encore.

Un fait donc en amène un autre. Mais, pour bien observer, il importe de connaître la théorie qui doit nous guider et les matériaux que nous employons. C'est pour ces motifs que, dans ce livre, nous nous sommes quelquefois écartés de la partie purement pratique, et que nous croyons utile d'entrer dans quelques détails sur l'émail considéré dans ses propriétés chimiques.

Nous avons jusqu'à présent parlé de la matière vitrescible, nous l'avons même employée sans la connaître. Comment pourrions-nous faire des remarques utiles si nous en restions là?

D'autre part, si la première moitié de cet écrit convient au peintre sur porcelaine, qui n'est pas initié aux manipulations photographiques, l'amateur et l'artiste, qui ne se sont jamais occupés de vitrification, trouveront peut-être dans ce qui va suivre des renseignements précieux.

Les écrits sur la matière sont rares, et nous ne

connaissons aucun ouvrage, excepté des notes éparses, qui traite de l'émail photographique et des poudres colorantes, vitrifiables à ce point de vue.

Nous croyons donc utile d'entrer dans quelques détails sur les propriétés générales de l'émail, et de fournir dans des notes que nous reporterons à la fin du livre les moyens de composer de toutes pièces les couleurs vitrifiables, quand l'opération peut se faire facilement dans le laboratoire; dans d'autres cas, de rendre la matière première propre à l'emploi qu'on veut en faire. La théorie générale peut s'appliquer à toutes les couleurs, mais les notes ne porteront que sur les noirs, les bruns, l'or et l'argent.

Notre cadre restreint ne nous permet pas de nous occuper de la fabrication de toutes les couleurs vitrifiables employées dans la céramique. Pour les renseignements qui manqueront, on s'adressera aux traités spéciaux.

Nous donnons à la suite une palette complète. Chaque couleur a été essayée et rend ce qu'on doit en attendre. Mais nous nous bornons là, nous ne voulons pas sortir des limites fixées par les besoins de la Photographie.

L'émail est un verre incolore auquel on incorpore des corps opaques.

Ces corps opaques sont des oxydes métalliques qui entrent dans l'émail, tantôt à l'état de simple mélange, conservant leur couleur propre, comme l'oxyde de fer; tantôt à l'état de combinaison. La couleur, dans ce cas, résulte d'une action chimique amenée par la chaleur.

L'émail, proprement dit, ou le fondant, joue le rôle du collodion photographique non sensibilisé, qui ne sert qu'à emprisonner plus tard et à faciliter la répartition égale d'une couche d'iodure d'argent.

Nous ne parlerons pas des qualités de l'émail, qui doit présenter une surface brillante et posséder une dureté suffisante qui le mette à l'abri de l'action de l'air, de l'humidité, dureté qui doit le garantir du contact des corps avec lesquels il peut être en rapport.

Les matières pui peuvent entrer dans la composition du fondant sont.

Le sable au quartz,
Le feld-spath,
Le borax,
Le nitre,
Le carbonate de potasse,
Le carbonate de soude,
Le minium,
L'oxyde de bismuth.

La plus ou moins grande fusibilité du fondant tient à la composition des matières qu'on emploie et aux proportions dans lesquelles on les mélange.

Il faut partir de ce principe que la silice et la

chaux augmentent la dureté de l'émail et rendent le fondant moins fusible, tandis que la potasse, le feld-spath, le borax, les oxydes de fer et de plomb et les bases multiples amènent le résultat contraire.

Quand on n'est pas initié aux secrets de la céramique, on s'étonne du nombre et de la variété des fondants nécessaires à la vitrification des couleurs.

Un seul fondant général suffit pour les émaux photographiques monochromes.

Cette multiplicité de fondants n'est nécessaire qu'en raison du degré de dilatabilité des différents émaux, dilatabilité qui doit être en rapport avec celle du subjectile. Mais l'émail photographique est généralement de dimension fort restreinte, et il est permis de ne pas se préoccuper trop de cette concordance.

Si l'on voulait appliquer l'émail à l'industrie et à la décoration de la céramique, il serait bon de s'adresser aux ouvrages qui traitent spécialement de ce sujet, et de parer à certains accidents que nous n'avons pas à craindre dans la sphère de nos travaux.

Le fondant ou l'émail transparent, avons-nous dit, est un verre d'une grande fusibilité. En prenant par conséquent le dosage d'un verre quelconque doué de cette propriété, nous aurons un fondant très convenable et que nous emploierons avec succès.

Voici la formule du flint, qui réussit très bien :

Sable.	300gr
Minium	300
Nitre..	10
Potasse	150
Acide arsénieux.	0 ,45
Oxyde de manganèse . . .	0 ,60

Prenez donc chez l'opticien les verres de rebut et les débris de flint, et vous aurez sous la main, sans autre travail que celui du broyage et sans fusion préalable, le véhicule requis pour vos couleurs.

Vous n'aurez plus qu'à ajouter les oxydes métalliques dans les proportions de :

Flint ou fondant	3gr
Oxydes.	1

Vous pourrez au reste choisir dans les fondants dont les formules suivent; ils sont tous dans les conditions que vous pouvez désirer. Si vous ne voulez pas, du reste, entrer dans tous ces essais pour adopter une formule, vous trouverez toujours chez nous ou ailleurs des poudres qui vous seront garanties. Mais, nous l'avons dit, nous écrivons dans ce moment pour ceux qui veulent tout faire par eux-mêmes, et qui ne sont pas ennemis des recherches parfois pénibles mais intéressantes.

N° 1.

Fondant rocaille.

Silice (pierres à fusil, calcinées et broyées).	3gr
Oxyde de plomb.	8
Borax calciné.	1 ,50

Nous verrons dans les quelques notes que nous donnerons à la fin la préparation que le borax et les autres produits doivent subir avant d'entrer dans la composition de l'émail.

N° 2.

Fondant très fusible.

Silice.	10gr
Minium.	38
Borax.	40

N° 3.

Autre formule.

Silice	3gr
Nitre	2 ,50
Calcine..	4

Voir aux notes, pour la calcine. Nous croyons suffisants ces détails sur les fondants : il nous reste à parler des oxydes métalliques.

Nous voulons surtout préciser l'état particulier dans lequel ils doivent se trouver et les préparations qu'ils ont à subir pour être employés dans l'émail.

Nous sommes forcés, à ce moment, de toucher

du bout du doigt à la science, pour y puiser les quelques notions indispensables à l'intelligence de ce qui va suivre.

Nous avons parlé d'acide, d'oxyde, de base, de sel. Il convient de définir ces mots pour bien saisir la théorie de l'émail. Nous allons donc donner des détails que ceux de nos lecteurs versés dans la chimie connaissent déjà, mais qui seront d'une grande utilité pour les opérateurs peu au courant de cette science.

On donne le nom d'*acides* aux corps qui rougissent la teinture du tournesol, et qui se combinent avec les *bases* en les saturant pour former des *sels*. L'*acide sulfurique*, par exemple, se combine avec la *potasse* et forme le *sulfate de potasse*.

Si c'est un corps simple qui se combine avec l'oxygène, le nom de cet acide finit par la terminaison *ique*. L'oxygène et la silice forment l'*acide silicique*.

Si le corps combiné est plus ou moins saturé d'oxygène, on désigne comme il suit ces différents degrés d'oxygénation.

Soit un acide formé de chlore et d'oxygène :

Acide hypochloreux.

Acide chloreux.

Acide hypochlorique.

Acide chlorique.

On nommera *acide perchlorique* celui qui contiendra plus d'oxygène que l'acide chlorique.

Il résulte de la définition de l'acide, que les bases sont des composés qui ont la propriété de se combiner avec les acides et de les saturer.

Le sel est donc le composé ternaire, résultat de la combinaison des acides avec les bases.

La combinaison non acide des corps simples, comme les métaux avec l'oxygène, donne naissance aux oxydes. On les divise en *oxydes basiques* et en *oxydes indifférents* ou *neutres*.

Les *oxydes indifférents*, qui jouent tantôt le rôle de base et tantôt celui d'acide, ne peuvent se combiner ni avec les acides, ni avec les bases, tandis que les premiers peuvent former des sels en s'unissant aux acides. Ils constituent la classe des oxydes basiques.

Suivant que le corps simple contient plus ou moins d'oxygène, il prend le nom de :

Protoxyde,
Deutoxyde ou bioxyde,
Tritoxyde.

Le *peroxyde* exprime l'oxyde le plus oxygéné, et le sous-oxyde la combinaison qui renferme moins d'oxygène que le protoxyde.

Ces préliminaires posés, nous n'aurons maintenant aucune difficulté à reconnaître les produits que nous devons employer. Si, par exemple, la formule nomme l'*oxyde de cuivre*, nous ne choisirons pas le nitrate de ce métal, mais le *deutoxyde noir* provenant du carbonate de cuivre calciné.

En règle générale, les oxydes employés dans les couleurs vitrifiables sont tirés des sels métalliques, décomposés par la calcination.

Les hydrates passent par le creuset, et le résultat de l'opération est l'oxyde que nous cherchons. Il nous faut, par exemple, de l'oxyde de fer. Ce ne peut être que le peroxyde, puisque le protoxyde ne s'obtient qu'à l'état d'hydrate, et que les hydrates, si ce n'est à l'état de silicates, ne peuvent entrer dans la préparation des poudres.

Nous prenons alors, pour arriver à nos fins, un sel de fer, le sulfate par exemple, et nous obtenons l'oxyde en décomposant cet hydrate par la chaleur dans un creuset chauffé à blanc.

Le produit résultant, renfermant 3 atomes de fer et 3 d'oxygène, nous donnera le colorant rouge pour les chairs.

Celui qui peut préparer lui-même ses couleurs n'a pas besoin, comme nous l'avons dit, de ces explications, mais nous écrivons pour ceux qui se sont peu occupés de chimie, et qui se demanderaient, en lisant une formule, si l'oxyde demandé est un protoxyde, un bioxyde ou un peroxyde.

Nous insistons sur ces détails, pour éviter les malentendus chez le fabricant de produits chimiques. Celui-ci reçoit chaque jour des ordres qu'il ne peut remplir, le client ne donnant pas les renseignements nécessaires sur ce qu'il prétend faire.

C'est encore pour venir en aide à l'opérateur qui commence, et qui ne peut pas donner des explications claires sur l'oxyde qu'il demande, que nous entrons dans tous ces détails.

En résumé, l'oxyde nommé dans chacune des formules que nous donnons est toujours, sauf avis contraire, le produit anhydre. Ce sera le bioxyde si le protoxyde est un hydrate.

Il est vrai de dire cependant qu'on emploie quelquefois dans la peinture sur porcelaine le sel hydraté; mais, dans ce cas, les sels sont désignés par leur nom.

Voici la nomenclature des produits colorants :

Oxydes salifiés.

Chromate de fer.
— de baryte.
— de plomb.
Chlorure d'argent.
Pourpre de Cassius.
Terre d'ombre.
— de Sienne.
Ocres jaunes.
— rouges.

Oxydes simples.

Oxyde de chrome.
— de fer.

Oxyde d'urane.
— de manganèse.
— de zinc.
— d'antimoine.
— de cuivre.
— de cobalt.
— d'étain.
— d'iridium.

Avant de passer aux formules, et pour donner une idée générale des couleurs, nous allons indiquer la couleur inhérente à chaque oxyde. Nous suivrons l'ordre du spectre.

Rouge. — Peroxyde de fer. Pourpre de Cassius, protoxyde de cuivre.

Orange. — Oxyde rouge de fer, oxyde d'antimoine (mélangés).

Jaune. — Oxyde d'urane. Chromate de plomb. Sous-sulfate de fer. Oxyde de zinc. Chlorure d'argent.

Vert. — Oxyde de chrome, de cuivre, de cobalt (mélangés).

Bleu foncé. — Oxyde de cobalt.

Bleu clair. — Oxyde de cobalt, de zinc (mélangés).

Violet. — Oxyde de manganèse. Pourpre de Cassius.

Noir. — Oxyde de manganèse, de fer, de cobalt, d'iridium (mélangés).

Blanc. — Nous donnons de suite la formule de l'émail blanc opaque, tel qu'on l'emploie sur les plaques émaillées, pour ne plus y revenir.

Émail blanc opaque.

Silice	30gr
Potasse	20
Oxyde de plomb.	40
Oxyde d'étain	10

On fond le tout dans un creuset, et l'on projette la matière en fusion dans l'eau froide, pour la diviser.

Vous prenez alors de ce mélange. . . 44gr

Et vous ajoutez :

Sable blanc (ou silex).	25gr
Minium	3 ,5
Cristal de commerce à base de potasse et d'oxyde de plomb.	2

Émail noir.

Nous savons que l'émail transparent ou le fondant fusible est rendu opaque et noir par un mélange intime d'oxyde de fer, de cuivre, de manganèse et d'iridium. Ce dernier oxyde est d'un emploi récent, et, à l'état de sesquioxyde, il donne le noir le plus beau que l'on connaisse.

Nous notons en passant que le mélange de cobalt, de fer, de cuivre et de manganèse en contact avec une matière siliceuse, donne toujours du noir à la vitrification, que le cobalt soit bleu ou noir, que le fer soit rouge ou brun.

Mais le noir pur est d'un effet peu heureux dans l'émail photographique, l'image paraît trop froide et n'a pas le moelleux artistique nécessaire à l'émail. Il convient de modifier le ton de la couleur en y mêlant un cinquième d'oxyde de fer violet et une pointe de pourpre de Cassius.

Cette addition doit être faite quand la fonte est broyée et prête pour l'emploi.

Maintenant que chacun connaît les éléments de la couleur, il ne sera pas difficile de la modifier et de l'amener par essai au ton que l'on désire.

Voici plusieurs formules :

N° 1.

Noir.

Oxyde de cuivre.	2gr
Oxyde de cobalt.	1 ,50
Oxyde de manganèse.. . .	2
Fondant.	12

Fondez au creuset et ajoutez :

Oxyde de cuivre.	1gr,5
Oxyde de manganèse . . .	1

Il faut, autant que possible, rejeter l'oxyde de

manganèse qui est décomposé par l'acide sulfurique.

N° 2.

Noir.

Oxyde de cuivre	2gr
Oxyde de cobalt.	3
Oxyde d'iridium.	0 ,1
Terre de Sienne	1
Fondant	18

Les proportions que nous donnons sont calculées au poids de chaque substance.

Nous faisons suivre maintenant toutes les couleurs qui entrent dans la palette du peintre émailleur.

Rouge foncé.

Sulfate de fer calciné. . . .	1gr
Fondant	3

Pourpre.

Pourpre de Cassius. . . .	0gr,01
Borax.	12
Silice	1
Minium	1

Rouge de chair.

Oxyde rouge de fer . .	1gr (rouge anglais).
Fondant.	3

L'oxyde rouge de fer ne doit pas, dans la calcination, atteindre le ton violet, mais présenter la couleur du rouge anglais, dont il ne diffère pas.

Orange.

Sous-sulfate de fer.	1gr
Acide antimonique	1 ,5
Fondant	8

Jaune clair.

Sous-sulfate de fer.	1gr
Oxyde de zinc.	2 ,5
Fondant.	11

Vert foncé.

Oxyde de cuivre	1gr,5
Acide antimonique	10
Fondant.	25

Vert clair.

Oxyde de chrome	1gr
Fondant.	3 ,5

Bleu foncé.

Oxyde de cobalt.	1gr
Fondant.	3 ,5

Bleu clair.

Oxyde de cobalt.	1gr
Oxyde de zinc.	2
Fondant.	9

Violet.

Borax fondu.	3gr
Deutoxyde de manganèse. . .	3
Oxyde de cobalt	1
Fondant..	25

Gris.

Émail bleu clair	2gr
Borax	3
Fondant	25

Brun de cheveux.

Sous-sulfate de fer.	1gr
Oxyde de zinc	8
Oxyde de cobalt	1
Fondant	32

Toutes ces couleurs vitrifiables fondent à la température *rouge cerise* et peuvent être employées pour la coloration des émaux photographiques. Ce n'est que par l'habitude qu'on trouvera la nuance exacte, car les peintres n'emploient pas les mêmes mélanges pour produire les mêmes effets. Chacun ombre à sa manière et choisit le mélange qui lui convient le mieux; mais comme nous avons déterminé la couleur propre, produite par chaque oxyde, on pourra facilement foncer ou éclairer le ton par un supplément d'oxyde et rendre au besoin l'émail plus fusible en ajoutant du fondant.

Les bleus de cobalt, les jaunes d'antimoine et les verts de cuivre, dont les oxydes n'offrent pas la couleur propre et qui ne l'acquièrent qu'en combinaison avec la silice, doivent être mêlés au fondant et subir une fonte préalable qui détermine la couleur; on les broie ensuite et on les emploie comme les autres. Hors ce cas, tous les oxydes sont simplement mélangés au fondant.

On peut fixer dans la moufle l'or et l'argent sur l'émail et leur rendre l'éclat métallique à l'aide du brunissoir. On prend de l'or ou de l'argent réduit en poudre impalpable qu'on délaie avec un peu d'essence grasse, et on l'applique au pinceau.

Le feu vaporise la matière résineuse, le métal pénètre dans la pâte et se fixe sur l'émail.

L'essence grasse est souvent remplacée par le miel et la gomme arabique.

Si l'on ne voulait pas préparer l'or ou l'argent comme nous l'indiquerons dans les notes qui suivront, on pourrait se servir de ces mêmes métaux en coquilles, ou nous demander notre préparation particulière, qu'on applique au pinceau, et qui ne prend l'aspect métallique que dans le feu.

CHAPITRE XVII.

Préparation des produits chimiques employés dans l'émail photographique.

Ce sont des notes que nous allons donner ; il ne serait pas facile, sans un laboratoire très complet, de s'occuper de la préparation de tous les produits employés dans l'émail photographique, car beaucoup de ces produits exigent une fabrication spéciale à laquelle l'amateur ne saurait prétendre, à moins qu'il ne soit à la tête d'une usine.

Nous ne parlerons donc que de certains produits qui existent déjà dans le commerce, mais que l'on ne trouve jamais qu'à l'état brut ou de sel, et qui exigent des préparations secondaires pour être rendus propres à l'emploi qu'on veut en faire dans l'émail.

Or en poudre. — Pour réduire l'or en poudre, vous préparez du chlorure d'or ordinaire, en attaquant le métal par le triple de son poids d'eau régale formée d'une partie d'acide nitrique et de deux parties d'acide chlorhydrique. L'opération se fait dans un petit ballon de verre sur une lampe à alcool. Quand tout le métal est dissous, vous recevez le liquide jaune d'or dans une capsule et vous l'amenez sur le feu à l'état sirupeux. Il cristallisera alors par le refroidissement.

Vous faites dissoudre ensuite le chlorure d'or dans l'eau distillée, un litre d'eau par gramme d'or. On ajoute du sulfate de fer dissous et filtré et le précipité se forme; l'opération doit se faire dans un vase étroit et long. On laisse déposer pendant cinq ou six heures, on décante et on lave le précipité à deux ou trois eaux, puis à l'acide chlorhydrique. On passe ensuite l'or en poudre dans l'eau chaude et on le laisse sécher.

Pourpre de Cassius. — Le produit de ce nom a été découvert par Cassius en 1683; c'est un stannate neutre de protoxyde d'or d'une préparation assez délicate.

Pour l'obtenir, vous préparez le chlorure d'or comme nous l'avons dit plus haut, vous en dissolvez un gramme dans un litre d'eau et vous introduisez dans le liquide quelques lames minces d'étain. L'opération marche lentement en suivant ce procédé, mais le produit obtenu est de qualité supérieure. Si le liquide tournait au brun, vous ajouteriez quelques gouttes d'eau saturée de sel marin, et le précipité reprendrait sa belle couleur pourpre.

Quand l'eau ne contient plus d'or, vous décantez et vous lavez le précipité que vous faites dissoudre dans l'ammoniaque, et vous le conservez dans un flacon.

Pour obtenir l'émail pourpre, vous mêlez la liqueur ammoniacale avec un fondant très fusible; sans cette précaution, l'or serait réduit dans la moufle.

Voici un fondant approprié à cette couleur :

Borax	12gr
Silice	1
Minium	1
Pourpre	1 ,4

On peut encore précipiter le pourpre en se servant d'une dissolution de chlorure d'étain. On dissout l'étain dans une eau régale composée de deux parties d'acide nitrique sur une partie de sel ammoniaque. On ne doit ajouter l'étain que par petits fragments et mener l'opération très lentement. Le ballon ne doit pas s'échauffer, on le pose dans un vase plein d'eau fraîche, et la liqueur doit arriver à un ton jaune foncé sans excès.

On met quelques gouttes de ce liquide dans un litre d'eau, comme on a fait pour l'or, et l'on verse la liqueur d'étain sur la solution de chlorure d'or; le précipité commence aussitôt; il varie de couleur suivant que les deux chlorures sont en excès l'un sur l'autre. Le résultat dépend de l'adresse et de l'habitude de l'opérateur.

Argent en poudre. — On obtient l'argent en poudre impalpable en le traitant par l'acide azotique, moitié eau, moitié acide.

Quand le métal est dissous à l'aide d'une douce chaleur, on verse le liquide dans une grande quantité d'eau, et on introduit dans le vase quelques lames de cuivre qui précipitent l'argent: il faut agiter fortement. Quand il ne se fait plus de précipité, on décante, on lave la poudre d'argent et on y mêle comme fondant 1/10 de sous-nitrate de bismuth.

Chlorure d'argent. — Ag. Cl. — On opère comme précédemment pour obtenir le chlorure d'argent, mais au lieu d'employer des lames de cuivre, on verse dans la liqueur une solution de chlorure de soldium (sel de cuisine). Le précipité, lavé plusieurs fois et desséché, est conservé à l'abri de la lumière qui le teinterait en violet.

On peut s'en servir aussi pour obtenir l'argent métallique en poudre fine en le traitant par le zinc; mais, dans ce cas, on est obligé de faire un lavage à l'acide sulfurique, qui dissout le zinc réduit sans attaquer l'argent.

Silice. — $Si-O^3$. — L'acide silicique ou la silice, qui sert de base au verre et à l'émail, forme le cristal de roche, le quartz, l'améthyste, le sable, etc.

La silice s'unit aux bases et forme les silicates dont la plupart sont fusibles.

On l'obtient en calcinant les silex blancs et noirs. On les jette ensuite dans l'eau froide qui les rend friables et plus faciles à être réduits en poudre impalpable.

Borax. — $NaO \times 2BO^3$. — L'acide borique est un corps solide comme la silice; il est fusible à la température rouge. Pour le rendre propre à entrer dans la composition de l'émail, il faut le fondre dans un creuset en y jetant les cristaux un à un pour éviter le boursouflement de la matière.

Il s'opère une première fusion aqueuse, et quand toute l'eau est évaporée, le produit desséché subit une seconde fusion comme tous les hydrates; on retire le creuset du feu lorsqu'il ne se manifeste plus de bulles à la surface, et on coule sur une glace.

Le produit a pris alors un aspect vitreux, il est sec et cassant. On doit le conserver pour l'usage dans un flacon bien bouché.

Minium. — Pb^3O^4. — On prépare le minium dans le laboratoire en chauffant dans un creuset quatre parties de litharge en poudre et une partie de chlorate de potasse.

On élève la température au rouge sombre; il y a dégagement d'oxygène, et le sel de plomb est changé en minium. On lave le produit dans la potasse caustique dissoute dans l'eau : elle enlève le protoxyde qui a pu se former; on termine par un lavage à l'eau distillée.

Le minium est un composé particulier de protoxyde et de peroxyde de plomb. Il est d'un beau rouge; mais, par la calcination, il perd cette couleur et devient jaune.

Le meilleur à l'emploi est la mine orange, qu'on peut obtenir en calcinant à l'air, dans un creuset, le carbonate de plomb ou blanc de céruse.

Le minium de commerce est souvent mélangé avec des matières étrangères, de la brique rouge surtout. On peut s'assurer de sa pureté en le faisant bouillir dans de l'eau sucrée, additionnée d'un peu d'acide azotique; s'il est pur, il doit s'y dissoudre entièrement.

Oxyde rouge de fer. — $Fe^2 O^3$. — L'oxyde rouge de fer se trouve tout formé dans la nature.

On le rencontre quelquefois sous une forme spéciale très dure, qu'on nomme *hématite*, et qui sert au brunissage de l'or et de l'argent.

Ce peroxyde joue un rôle important dans la composition des émaux, auxquels il communique la couleur rouge orange, rouge violet, chair, carmin; jaune orange avec l'alumine; grise ou noir avec le cobalt, et brun jaune avec le zinc.

En calcinant dans un creuset le sulfate de fer, on obtient le peroxyde de fer rouge ou colcothar. Si on le mêle avec trois fois son poids de sel marin, le produit de la calcination, d'un violet foncé presque noir, est d'un excellent emploi pour l'émail photographique.

Pour obtenir l'oxyde anhydre et presque noir, on fait dissoudre le sulfate de fer dans l'eau tiède, et l'on ajoute une dissolution concentrée d'acide oxalique. Il se forme un précipité jaune qu'on fait sécher pour le calciner ensuite.

Oxyde de manganèse. — MnO^2. — Nous conseillons peu l'oxyde de manganèse dans le dosage des matières nécessaires à l'émail noir. Il vaut mieux employer l'oxyde de cobalt en excès dans les formules que nous avons données, et ajouter un peu d'oxyde d'iridium.

Nous ne parlons que de l'émail photographique et en voici le motif. Le peroxyde ou deutoxyde de manganèse est entièrement dissous par l'acide sulfurique, et nous savons que nos épreuves doivent être en contact pendant cinq à dix minutes avec ce dernier produit.

On pourrait l'utiliser toutefois dans la décoration des émaux, lorsqu'il n'est pas nécessaire de les soumettre à l'action destructive de l'acide. Il est d'un prix beaucoup moins élevé que l'oxyde de cobalt. On l'emploie en combinaison avec l'oxyde de fer dans la glaçure, pour colorer en brun les porcelaines.

On prépare l'oxyde de manganèse, en traitant le carbonate du même métal délayé dans l'eau par un courant de chlore, et en lavant le précipité noir qui s'est formé.

Oxyde de cobalt. — Co^2O^3. — Nous ne dirons rien du protoxyde de cobalt qu'on extrait directement du minerai, les opérations sont longues et difficiles. Le commerce fournit cet oxyde au consommateur, dans des conditions qui ne laissent rien à désirer sous aucun rapport.

Oxyde d'iridium. — Ir^2O^3. — Le sesquioxyde d'iridium est une poudre noire qui ne se décompose pas à la chaleur rouge cerise, et qui donne le plus beau noir connu dans les émaux.

Pour l'obtenir, on traite l'iridium métallique par les azotates alcalins.

Oxyde de cuivre. — CuO. — C'est le protoxyde de cuivre qu'on emploie dans l'émail, pour donner au noir une teinte légèrement bleuâtre.

On le prépare en faisant dissoudre le métal dans l'acide azotique étendu, et en précipitant par le carbonate de potasse; le précipité est calciné dans un creuset, et jeté encore rouge dans l'eau froide.

Calcine. — Pour opacifier les émaux avec l'acide stannique, on chauffe à l'air 15 parties d'étain et 100 parties de plomb. On recueille le stannate de plomb à mesure qu'il se forme, et on le débarrasse par des lavages des paillettes métalliques qu'il contient; le résultat est la calcine.

Cette calcine est frittée ensuite, c'est-à-dire desséchée sur le feu sans fusion, avec 100 parties de silice et 80 parties de carbonate de potasse. C'est la base des émaux opaques.

CHAPITRE XVIII.

Nous avions indiqué dans la première édition de livre plusieurs formules qui permettent d'obtenir des épreuves vitrifiables en dehors de la méthode que nous avons développée dans ce Traité.

Nous les remettons au jour, d'abord pour satisfaire la curiosité du lecteur, et ensuite pour lui laisser entrevoir des voies nouvelles qui peuvent conduire à d'autres applications.

Procédé au perchlorure de fer.

Le procédé au perchlorure de fer est dû à Poitevin. Il rentre dans la méthode qui consiste, comme on l'a vu, à développer à la poudre d'émail les épreuves qui sont ensuite vitrifiées à la moufle.

Les manipulations ne diffèrent pas de celles que nous connaissons déjà.

La formule qui règle la composition de la

liqueur sensible s'écarte seule des prescriptions qui précèdent, et le négatif auxiliaire qui sert à l'insolation pour obtenir la contre-épreuve n'est plus à son tour dans des conditions normales.

Par suite de l'emploi du bichromate d'ammoniaque, l'épreuve pelliculaire vitrifiable est amenée par l'intermédiaire d'un cliché positif donné par le charbon, par la chambre ou par les glaces sèches au collodion ou au gélatinobromure.

La transformation du négatif en positif, opération fort simple, du reste, arrête pourtant beaucoup d'amateurs et de praticiens.

Si le perchlorure de fer est substitué au bichromate d'ammoniaque, les opérations restant les mêmes, l'épreuve positive à vitrifier s'obtient en insolant la glace sensible sur un négatif.

Il semble, au premier abord, qu'il convient d'adopter la formule au perchlorure, puisqu'elle supprime une opération délicate, c'est-à-dire la transformation du négatif en positif. Ce n'est pas notre avis, cependant, et nous engageons les opérateurs à s'en tenir à notre ancienne formule.

Notre première méthode, qui est universellement adoptée par les émailleurs, donne seule des résultats constants, invariables, et des épreuves dont la finesse ne saurait être dépassée par aucun autre procédé. Aucun autre procédé ne donne la même profondeur et la même vigueur dans les noirs. La glaçure des épreuves après vitrification est d'ailleurs supérieure à celle des images formées par la pellicule de collodion renforcée dont il sera bientôt question.

La pellicule renforcée ne peut être transportée, du reste, que sur des plaques émaillées au blanc qui sortent de la moufle avec un éclat louche et qui ne fournissent que des épreuves superficielles et sans profondeur.

Un portrait sur émail n'a de valeur réelle qu'autant qu'il est fondu sur pâte.

La pâte est un composé fixe et dur, à l'abri de toute altération et c'est la pâte qu'il convient d'adopter pour l'émail photographique. Or la pâte est trop dure et l'on ne peut pas s'en servir avec les pellicules renforcées.

FORMULE.

1.

Perchlorure de fer.	50gr
Eau distillée	150cc

2.

Acide tartrique.	20gr
Eau distillée	150cc

Les deux solutions sont filtrées séparément et mélangées.

3.

On ajoute après 200cc d'eau à la liqueur sensible pour la diluer.

On fera bien de ne pas tenter en hiver de se servir de cette formule. La couche sensible ne donne de bonnes épreuves, sous le blaireau, que si l'insolation a été faite en pleine lumière, au soleil et par un temps sec et doux.

La réaction est lente et une insolation d'une demi-heure au soleil n'a rien d'exagéré. Il se passe pendant l'insolation un phénomène inverse de celui qui se produit quand on emploie la glucose, le sucre et la gomme en combinaison avec le sel de chrome.

Le perchlorure de fer, en présence de l'acide tartrique, est décomposé par la lumière. Il passe à l'état de protochlorure et les parties de la glace sensible qui correspondent aux parties transparentes du négatif, dégagent sous l'influence du rayon lumineux assez d'humidité pour happer la poudre d'émail au passage.

Il faut se rendre un compte exact de ce qui se passe pour ne pas exposer le résultat aux caprices du hasard. En chimie les réactions sont déterminées par des lois sûres et invariables, et les tentatives et les essais, en dehors de ces règles, sont puérils. Il n'en résulte qu'une perte de temps.

Il faut donc, pour développer l'épreuve, mettre à profit le laps de temps qui s'écoule entre l'exposition et les quelques minutes nécessaires pour compléter le développement.

La glace sensibilisée exposée chaude sur le négatif ne doit pas, par des retards apportés au développement, reprendre l'humidité du milieu ambiant, surtout si la température est humide.

Elle doit rester sèche et chaude pendant toute la durée de l'insolation, ce qui a toujours lieu si le châssis-presse est exposé au soleil, et la formation de l'épreuve n'est possible que si la couche ne dégage de l'humidité, quand on la sort du châssis, que par suite de la réaction chimique déterminée par les rayons du soleil.

Ces résultats ne sont réguliers que si la lumière est franche et par un temps sec. Dans ces conditions le développement sera bon.

On voit par ces explications que cette formule est inférieure à la formule normale au bichromate. Nous n'en conseillons pas l'emploi. Cette réaction est souvent capricieuse et inconstante même dans les meilleures conditions lumineuses et atmosphériques.

Le bichromate combiné avec la glucose et la gomme a pour lui une grande régularité de réaction et cette réaction n'a besoin pour se produire que de très peu de lumière. Il s'ensuit qu'elle est beaucoup moins délicate et plus indépendante des milieux.

Procédé pelliculaire par renforçage ou substitution.

Ce procédé diffère du tout au tout des méthodes qui nous ont occupé jusqu'à ce moment. Il n'est plus question ici de poudres vitrifiables. Les oxydes métalliques préalablement isolés et mêlés aux fondants n'ont rien à faire dans les opérations qui vont suivre.

Ce sont les métaux eux-mêmes, ou, pour nous exprimer avec plus de précision, les sels solubles de ces métaux, qui présideront à la formation de l'épreuve vitrifiable.

On ne peut produire dans cette application essentiellement photographique que des épreuves noires. Le ton noir pur peut cependant passer par diverses nuances et virer au brun et au violet. Il est cependant certain que toutes les couleurs pourraient être développées au feu de moufle, mais nous n'avons pas poussé nos recherches plus loin. Nous y reviendrons plus tard.

Les expériences à faire en ce sens ont une extension presque sans limite et il peut en résulter pour les chercheurs intelligents et opiniâtres des surprises réelles et des résultats inattendus, non seulement à l'endroit de l'émail, mais au point de vue général de la chimie céramique.

Nous croyons utile de commencer cette démonstration par quelques explications préalables en rappelant certaines réactions bien connues des photographes et des amateurs, qui faciliteront l'intelligence de ce que nous avons à aire au sujet de l'émail par substitution.

L'épreuve positive ordinaire, c'est-à-dire le portrait ou le paysage tiré sur papier albumine, d'abord chloruré puis sensibilisé au bain d'argent, est virée, avant d'être fixée à l'hyposulfite de soude.

Quel est le but de cette réaction préliminaire? à quoi tend le virage?

Par suite du passage de l'épreuve formée au chlorure d'argent dans un bain de chlorure d'or, deux faits se produisent :

Le premier est sensible à l'œil : l'épreuve qu sortirait du bain fixateur d'hyposulfite de soude avec un ton jaune désagréable, se colore dans le bain d'or et en sort avec une teinte violacée qu'elle conserve ensuite malgré l'immersion dans l'hyposulfite.

Mais ce résultat, qui donne plus de valeur aux épreuves, n'est pas le résultat principal, il n'es pour ainsi dire qu'accessoire, quoique nécessaire.

Le but réel de la réaction qui amène la coloration agréable et riche de l'épreuve est de rendre cett épreuve inaltérable, ou du moins de lui communiquer une durée plus longue en la préservant d'une destruction prématurée, et nous allons voir comment.

Les sels qui pénètrent le tissu du papier et du collodion peuvent être chassés des cellules par déplacement ou par combinaison par d'autres sels solubles de nature différente qui s'y logent en leur lieu et place.

Comme premier exemple, et personne ne l'ignore, nous savons qu'il est utile, pour préserver les épreuves positives sur papier salé ou albuminé, de les immerger pendant un quart d'heure dans un bain de sel marin.

Il reste toujours en effet dans l'épaisseur du papier une partie de l'hyposulfite de soude qui est nécessaire au fixage de l'épreuve. Or ce sel, en contact avec l'argent réduit qui constitue l'épreuve, finit tôt ou tard par altérer l'image.

Mais si après le virage l'épreuve passe par le bain de chlorure de sodium, le chlorure inoffensif pénètre mécaniquement dans les pores du papier, d'où il chasse l'hyposulfite de soude, qui est un agent destructeur de l'épreuve, comme nous l'avons dit, et il est possible alors d'éliminer par des lavages successifs et à peu près complètement les dernières traces du sel sulfuré.

On sait donc, préalablement à toute explication en rapport avec l'émail, qu'un sel peut se substituer à un autre sel dans un tissu cellulaire, collodion ou papier. Mais si un sel peut en remplacer mécaniquement un autre, à plus forte raison un sel soluble peut se combiner avec un autre sel ; ce qui se passe dans une capsule doit se produire également dans le tissu du papier, et c'est ce qui arrive en effet.

C'est sur ce principe élémentaire que repose la méthode qui nous occupe.

Pour ne pas trop nous écarter, reprenons le bain de virage au chlorure d'or.

Si nous nous étions bornés à fixer l'épreuve sur papier à l'hyposulfite de soude sans combiner l'argent réduit et la partie de ce métal qui n'est qu'en voie de réduction avec le chlorure d'or, il se serait formé dans le tissu du papier et dans certaines parties de l'épreuve un hyposulfite d'argent disputant sa place, molécule contre molécule, avec l'argent métallique.

L'hyposulfite d'argent est, il est vrai, irréductible par la lumière, mais il est exposé aux influences des gaz sulfurés.

Par l'immersion de l'épreuve dans le bain de chlorure d'or, l'hyposulfite d'argent s'est, par combinaison avec l'or, transformé soit en or métallique, soit en hyposulfite d'or. Le nouveau métal a chassé le sel altérable dont il a pris la place, et l'épreuve a été transformée et de plus mise en état de résister à tous les agents chimiques et atmosphériques. Ce que nous disons de l'or est également applicable aux autres métaux.

Donc l'argent réduit, ou incomplètement réduit, qui forme l'épreuve photographique, peut être remplacé par voie de substitution par un autre métal.

Les métaux que nous désignerons pénétreront avec leur fondant soluble dans le tissu du collodion et donneront, au moment de la fusion, des oxydes inaltérables qui prendront au feu leur couleur respective, et qui se fixeront les uns simplement, les autres avec un commencement de combinaison avec la plaque d'émail et avec les fondants.

Une épreuve positive au sel d'argent incapable de résister au feu de moufle sortira du feu avec un ton noir et vigoureux, après une immersion convenable dans un bain d'un sel d'iridum.

Mais nous pourrons, conformément aux mêmes lois, faire entrer par partie le chlorure d'or dans la composition du bain de renforçage, et par cette addition l'épreuve n'aura plus, après la vitrification, cet aspect noir et sec, quoique très riche, qui est la couleur normale des oxydes d'iridum. Le ton virera vers le pourpre, puisque le sel d'or se sera combiné avec la base stannifère qui entre dans la composition de la pâte d'émail.

Il y aura formation partielle de stannate d'or dont la couleur développée par le feu sera d'un violet pourpre.

Cette seule addition suffira pour rompre le ton froid de l'épreuve en lui communiquant des reflets agréables.

Ce serait en pure perte qu'on tenterait d'introduire dans les bains les sels solubles des métaux inférieurs, tels que le cuivre, qui peut cependant fournir un oxyde noir et même une combinaison colorée et pouvant supporter le feu.

Ces oxydes de métaux inférieurs n'étant pas introduits à l'état anhydre dans l'épreuve, ne résisteraient pas. Ils prendraient inutilement une place qu'il faut réserver aux oxydes plus fixes. Ces substitutions d'un métal à un autre métal se produisent dans les mêmes conditions et d'après la même loi dans la pellicule de pyroxyle, qui, quoique plus serrée, est parfaitement pénétrable.

On sait qu'une épreuve positive par transparence obtenue à la chambre noire sur un *négatif*, peut être détachée du verre dans un bain d'eau acidulée à 10 p. 100 par l'acide sulfurique ou par tout autre acide. Il en est de même d'une pellicule de collodion chloruré sur papier couché, si l'on remplace dans ce dernier cas l'acide par l'eau chaude, qui dissout la couche de gélatine et de carbonate de barite et qui met la pellicule de collodion en liberté.

Mais prenons de préférence un positif par transparence obtenu à la chambre noire, puisque la pellicule humide est plus maniable et moins serrée.

Si l'on reporte sur verre ou sur plaque d'émail ce positif tel qu'il est, l'argent réduit par le fer et qui forme la substance de l'image laissera trace de sa présence si l'émail ou le verre est soumis au feu de moufle.

L'argent laisserait, au besoin, à défaut de toute autre empreinte, des traces métalliques, si la fusion était poussée trop loin. Mais en deçà d'un certain degré, nous retrouverons, après le coup de feu, une image faible et à peine accusée.

Il est facile d'en conclure *à priori*, et c'est là que nous voulions amener le lecteur, que si le sel d'argent eût été remplacé par substitution par des éléments plus résistants, c'est-à-dire par des sels métalliques pouvant laisser des oxydes fixes, cette image qui sort de la moufle sans vigueur, à peine marquée, aurait pris dans le feu une intensité beaucoup plus grande.

C'est aussi ce qui arrive si l'épreuve, au sortir de la chambre noire et simplement développée au sulfate de fer, est régénérée par des bains simultanés ou successifs d'or, de platine, etc...

La possibilité et le fait lui-même de cette substitution sont connus de tous les opérateurs, photographes ou amateurs.

Ils savent très bien que renforcer un négatif à l'acide pyrogallique, c'est incorporer au collodion un gallate d'argent. Ce qui est vrai pour un corps organique impropre à la vitrification ne change rien au fait, si la substance organique est remplacée par un sel métallique.

Citons encore un exemple qui se reproduit chaque jour dans le laboratoire du photographe : le renforcement au bichlorure de mercure réduit par l'ammoniaque transforme l'épreuve sans modifier l'état chimique du pyroxyle puisque la réaction ne porte que sur le dessus lui-même, c'est-à-dire sur l'argent réduit partiellement par la lumière.

Cette dernière transformation, comme la précédente, ne donnerait que des résultats négatifs, à notre point de vue, le mercure étant un métal essentiellement volatil. Mais nous citons le gallate d'argent et l'ammoniure de mercure pour faire toucher les faits avec le doigt, puisque les réactions que nous voulons utiliser sont palpables et observées en dehors de toute visée, à l'émail, dans le travail quotidien de l'atelier.

Ces mutations, par lesquelles une épreuve positive au collodion peut passer, portent en chimie le nom de *loi de Berthollet* ou de double décomposition. On peut formuler cette loi comme il suit :

Toutes les fois que deux sels solubles renferment les éléments d'un sel insoluble, si ces deux sels sont dissous et que les dissolutions soient mélangées, il y a toujours décomposition mutuelle. L'acide de l'un se combine avec la base de l'autre et réciproquement.

Ou mieux encore :

1° Un sel est décomposé par un acide, lorsque l'acide expulsant est plus fixe que celui qui entre dans la composition de ce sel.

2° Un sel est décomposé par un acide, lorsque l'acide expulsant forme, avec la base, un composé insoluble ou moins soluble que l'acide expulsé.

3° Un sel est décomposé par un acide, lorsque l'acide expulsé est insoluble ou peu soluble, et que l'acide expulsant forme avec la base un composé soluble.

Ces principes permettront de combiner les bains renforçateurs au choix de chacun, car le comble de la persuasion, a-t-on dit, est de faire faire à chacun ce qu'il veut. Nous nous bornerons à donner quelques formules pour faciliter la méthode à ceux qui veulent travailler sans recherches.

Ce sont les principes que nous venons d'énoncer qui sont l'âme du procédé. Les sels métalliques composant les bains renforçateurs réagiront les uns sur les autres, et les combinaisons qui en résulteront détermineront des précipités hydratés qui passeront à l'état d'oxydes parfaits ou anhydres, après s'être substitués à l'argent.

Ce qui se passe dans la pellicule de collodion et dans le tissu du papier serait également vrai et possible dans la pellicule de gélatine. Mais nous prévenons d'avance les lecteurs qui ne sont pas initiés aux procédés d'émaillage, que la gélatine ne se prêterait pas au travail de l'émail. Le feu raccornirait la pellicule renforcée et il ne pourrait pas y avoir, par suite, de résultat possible.

Nous dirons en passant que, par voie de double décomposition, la coloration des épreuves positives au charbon qu'on reporte sur verre pour obtenir des vitraux transparents peut être modifiée.

Nous ne citerons qu'une seule réaction, pour rester dans notre sujet.

Si l'épreuve au charbon, qu'on a développée à l'eau chaude sur verre, est immergée d'abord dans un bain de sulfate de fer à 5 pour 100 sans addition d'acide, et ensuite, après lavage, dans une autre solution de bichromate de potasse à 3 pour 100, le ton de l'épreuve se trouve en même temps renforcée.

Il se forme dans le tissu gélatineux un chromate de fer d'un brun agréable, qui modifie non seulement le ton de l'épreuve, mais qui lui communique d'autres propriétés dont nous parlons dans notre *Traité de Photogravure* (1).

Mais, dans ce cas, il n'y a pas substitution, mais simplement dépôt.

Le chromate de fer, ou toute autre combinaison analogue, ne se substitue pas à la matière colorante qui est introduite dans la mixtion du papier au charbon à l'état inerte ou d'oxyde préalablement formé. Il n'y a que superposition mécanique d'un dépôt supplémentaire.

Aussi n'est-ce pas sur l'épreuve seule que la

(1) *Traité pratique de Photogravure sur zinc et sur cuivre*, in-18 jésus, 1885. (Paris, Gauthier-Villars.)

coloration porte, mais sur la pellicule entière. Nous citons cet exemple qui rentre dans ce que nous avons à dire pour prévenir l'opérateur qu'il doit, dans les tentatives de composition des bains renforçateurs, se défier des réactions qui n'aboutiraient qu'à déterminer un précipité général.

Le but principal est donc par l'emploi des bains renforçateur de former un précipité d'oxyde métallique se substituant au métal qui a formé primitivement l'épreuve, c'est-à-dire à l'argent.

Mais comme, par suite de la réaction générale, il se forme le plus souvent un dépôt non seulement dans l'épreuve elle-même, mais aussi sur la surface de la pellicule, on aura soin de ne jamais renverser l'épreuve et la reporter sur la plaque d'émail en appliquant sur ce subjectile le côté qui portait directement sur le verre, au sortir de la chambre noire.

La différence qui existe entre le procédé par poudrage et le procédé par substitution, c'est que, dans la première méthode, les oxydes sont transmis tout formés à la plaque d'émail, et que, dans la seconde, la plaque les reçoit à l'état de sels solubles ou quelquefois, suivant le cas, à l'état d'oxydes hydratés qui ont à recevoir leur complément du feu.

Une dernière explication supplémentaire est indispensable pour l'intelligence, non seulement de ces réactions, mais des milieux dans lesquels ces réactions doivent s'effectuer, quoique ne différant pas de celles que nous avons citées et qui étaient purement photographiques. Les combinaisons analogues aux premières et que nous préparons en vue de l'émail doivent, indépendamment des qualités photographiques, posséder d'autres propriétés, puisque ces épreuves sont destinées à passer par la moufle.

Il ne suffit pas, en effet, de transporter une pellicule d'un bain dans un autre bain métallique, pour transformer l'épreuve obtenue à la chambre noire en épreuve vitrifiable.

Il convient de suivre certaines règles.

Il faut arriver, par suite de l'analogie des deux procédés qui tendent au même but, à former dans l'épreuve, non seulement l'oxyde, mais aussi le fondant qui doit fixer l'oxyde sur la plaque.

L'oxyde seul, dans le procédé aux poudres, ne donnerait pas d'épreuve. Après la fusion, l'oxyde transformé en épreuve ne se fixerait pas sur la plaque. Il faut que l'oxyde soit mélangé avec un fondant quelconque. La combinaison ou le simple mélange de l'oxyde et du fondant peut, dans la première méthode, et doit même, être faite avant l'emploi de la poudre vitrifiable.

Il est impossible de procéder de la même manière dans le procédé par renforçage et par substitution, mais il faut cependant arriver aux mêmes fins par des voies détournées.

Les précipités, c'est-à-dire les oxydes hydratés qui donneront les couleurs brunes, nous sont déjà connus; il nous reste à dire comment les fondants pourront être incorporés aux précipités.

Les fondants seront en grande partie fournis aux bains renforçateurs par la décomposition même des sels qui nous fournissent les oxydes.

Il y a toujours deux éléments hétérogènes et distincts dans un sel métallique : le métal et la base. Le métal donc, en se combinant avec l'acide, fournira l'oxyde, et la base, soluble ou insoluble, servira de fondant.

Nous pourrons, dans certains cas, ajouter aux bains renforçateurs certains produits solubles qui nous sont déjà connus, que nous avons utilisés dans l'ancienne méthode, et qui ont la propriété de se transformer en verre par la fusion. Tels sont le borate de soude, le silicate de potasse et l'acétate de plomb, etc.

Nous ne demanderons même pas à ces sels vitrifiables une combinaison intime avec les oxydes des métaux, puisque nous ne voulons produire que des épreuves noires ou brunes. Les oxydes seuls complétés par le feu seront suffisants, sans se combiner, pour former les noirs des épreuves. Les fondants introduits dans les bains n'auront qu'un rôle accessoire à jouer : celui de fixer les oxydes sur la plaque d'émail, sans qu'on exige d'eux de développer la couleur propre à chaque oxyde, ce qui n'est pas possible dans les conditions exceptionnelles où les divers produits se trouvent en présence.

Il y aura cependant un commencement de combinaison pour l'or et pour le cobalt, et la couleur pourpre et bleue légèrement développée sera le virage, dont nous avons parlé, qui adoucira la couleur trop noire communiquée à l'épreuve par le sel d'iridium. La teinte bleue et violette renforcera au contraire l'épreuve un peu trop grise fournie par les sels de platine.

Nous opérerons avec les métaux que nous connaissons déjà et dont les sels nous ont servi à composer la poudre d'émail.

Il s'agit de précipiter les hydrates de ces métaux sur l'épreuve positive au collodion.

Ces métaux sont :

Le fer,
Le cobalt,
Le manganèse,
Le platine,
L'or,
L'iridium.

Puisque nous opérons par double composition, nous choisirons de préférence les chlorures de ces métaux et nous prendrons comme précipitants,

Pour le fer : L'acide chlorhydrique;

Pour le cobalt : Une solution faible de potasse;

Pour le manganèse : Le chlore ou la chaux;

Pour le platine : Une solution de potasse et de fer;

Pour l'or : Une solution de protochlorure d'étain;

Pour l'iridium : Une solution de chlorhydrate d'ammoniaque.

Ces précipités doivent être faits dans des conditions particulières.

Il n'est pas nécessaire de faire intervenir tous ces métaux simultanément pour obtenir des épreuves vigoureuses.

Le platine, l'or, et l'iridium suffisent amplement.

L'oxyde d'or, combiné avec l'oxyde d'iridium, formeront un excellent bain renforçateur. Il en est de même de l'or et du platine, et du platine et du fer.

Les photographes qui se sont mis au courant du procédé de platinotypie n'ignorent pas que les papiers sensibles préparés au chlorure de platine et de fer donnent, après une première réduction par la lumière, des épreuves positives vigoureuses dans le bain chaud d'oxalate de potasse acidulé qui complète la réduction du fer et du platine commencée par la lumière.

Nous avons donné quelques développements à

ces explications pour éviter de renfermer l'opérateur dans un cercle trop étroit de routine. Il pourra substituer tous les sels solubles des métaux que nous avons nommés en se servant de précipitants convenables qui, à peu d'exceptions près, sont la potasse, le cyanoferrure et le cyanoferryde de potassium, les sels de fer et d'étain.

Il nous resterait beaucoup à dire, mais nous ne voulons pas nous écarter des limites que nous nous sommes fixées.

Nous donnerons quelques formules de bains renforçateurs quand nous aurons obtenu l'épreuve positive sur collodion.

CHAPITRE XIX.

Épreuve positive sur verre.

L'épreuve positive sur verre doit être limpide, transparente et sans aucune tache. Les imperfections, si légères qu'elles fussent, s'aggraveraient dans les opérations suivantes et l'épreuve émaillée serait sans valeur, ou du moins elle exigerait trop de retouches.

On prépare un collodion approprié à cette application en se conformant à la formule qui suit :

Alcool à 40°	50cc
Ether à 62	50
Coton.	1gr
Iodure de cadmium. . .	0 ,5
— d'ammonium . .	0 ,5
Bromure de cadmium. .	0 ,25

L'éther et l'alcool sont, comme la formule l'indique, mélangés par parties égales, car le procédé exige un collodion poreux et facilement pénétrable.

On choisira de préférence un coton à basse température.

Bain d'argent.

Eau distillée	250cc
Azotate d'argent fondu.	18gr

Bain de fer.

Eau ordinaire.	1000cc
Sulfate de fer.	50gr
Acide citrique.	30gr

On opérera par la méthode ordinaire. Le temps de pose doit être juste, et on se bornera à révéler l'épreuve au bain de fer sans renforcer à l'acide pyrogallique, afin de laisser au collodion toute son aptitude à retenir les sels qui serviront à renforcer l'épreuve.

On ne négligera pas, après le développement, quand l'épreuve positive sera fixée au cyanure, de détruire le voile en passant sur la glace à la main et sans immersion la dissolution d'or dont la formule suit :

Eau distillée	100cc
Chlorure d'or.	0gr,001

Ce bain ne doit pas même être coloré en jaune paille.

Après lavage, la glace sera plongée dans un bain d'eau acidulée à 10 pour 100 par l'acide sulfurique.

On retire le verre de la cuvette quand le collodion a une tendance à se détacher, et on le porte dans l'eau fraîche.

On changera trois ou quatre fois l'eau de lavage pour éliminer l'acide.

On coupera ensuite le collodion sur les bords pour laisser à la pellicule la liberté de se mouvoir en tous sens. Il faut la faire descendre sans la retourner dans le bain de dépôt.

BAINS DE DÉPOT.

FORMULE N° 1.

Bain de platine.

(Solution à mettre en réserve.)

Bichlorure de platine. . .	10gr
Eau distillée	300cc

Le bain de platine est dosé comme il suit :

Solution de platine	5cc
Eau distillée	100

On porte dans ce bain l'épreuve pelliculaire au collodion et on ne la retire qu'après cinq ou six minutes d'immersion, quand l'image paraît suffisamment renforcée.

Elle doit passer ensuite pendant deux minutes au plus dans l'hyposulfite.

Eau ordinaire	100cc
Hyposulfite de soude . .	6gr

L'épreuve, après avoir été lavée, est transportée

sur la plaque d'émail par la méthode ordinaire et par l'intermédiaire de la solution saturée de borax fondu.

La solution de borax doit être faite à l'avance. Ce produit met longtemps à se dissoudre dans l'eau froide, mais rien n'empêche de se servir d'eau chaude.

Ce bain sera filtré avec soin après chaque opération.

L'épreuve, et nous le savons déjà, doit sécher sur la plaque d'émail avant d'être passée à la moufle.

FORMULE N° 2.

Dissolution saturée de chlorure de platine et de potassium	10cc
Dissolution saturée d'hydrate d'oxyde de fer dans l'acide oxalique.	8
Eau distillée.	50

On laisse comme précédemment la pellicule dans ce bain et on ne la retire que lorsque l'épreuve a pris une certaine vigueur.

Elle passe ensuite par un bain saturé d'oxalate de potasse acidulé par l'acide oxalique et l'on transporte enfin l'épreuve sur la plaque d'émail à l'aide de la solution de borax fondu.

FORMULE N° 3.

On prépare deux solutions concentrées, la première de chlorure d'iridium, la seconde de chlorure d'or.

Bain.

Solution d'iridium.	12cc
Solution de chlorure d'or. . .	6
Eau distillée.	50

On opérera comme précédemment, mais on communiquera une couleur plus riche et moins dur à l'épreuve si on la laisse pendant une minute au plus dans la solution suivante :

Azotate d'urane.	0gr,1
Prussiate rouge de potasse .	1gr
Chlorure d'or	1gr
Eau distillée.	50cc

Les produits seront dissous séparément et versés ensuite dans les 50cc d'eau distillée.

La pellicule sera, après l'effet produit par ce bain, portée dans une solution d'hyposulfite. On la lavera ensuite avant de faire le transport.

FORMULE N° 4.

Avant d'être soumise au bain renforçateur, l'épreuve sera immergée pendant une ou deux minutes dans une dissolution d'iodure de potassium suriodée.

Bain renforçateur.

Eau acidulée légèrement par l'acide chlorhydrique.	1000cc
Solution de bichlorure de platine préparée suivant la formule N° 1. . . .	10cc
Solution à 5 pour 100 de chlorure d'étain.	5
Silicate de potasse	15
Solution d'acétate de plomb à 5 pour 100.	10

Le transport sera fait par l'intermédiaire de la solution de borax.

Nous répétons encore que la pellicule ne doit pas être retournée.

FIN.

TABLE DES MATIÈRES.

CHAPITRE VII.

CHAPITRE VIII.

CHAPITRE IX.

CHAPITRE X.

CHAPITRE XI.

CHAPITRE XII.

CHAPITRE XIII.

CHAPITRE XIV.

CHAPITRE XV

CHAPITRE XVI.

CHAPITRE XVII.

CHAPITRE XVIII.

CHAPITRE XIX.

Paris. — Imp. Gauthier-Villars, 55, quai des Grands Augustins.

CATALOGUE DE PHOTOGRAPHIE.

Abney (le capitaine), Professeur de Chimie et de Photographie à l'École militaire de Chatham. — *Cours de Photographie*. Traduit de l'anglais par Léonce Rommelaere. 3ᵉ éd. Gr. in-8, avec planche photoglyptique; 1877. 5 fr.

Aide-Mémoire de Photographie pour 1885, publié sous les auspices de la Société photographique de Toulouse, par M. C. Fabre. Dixième année, contenant de nombreux renseignements sur les procédés rapides à employer pour portraits dans l'atelier, les émulsions au coton-poudre, à la gélatine, etc. In-18, avec fig. dans le texte et spécimen.

Prix : Broché.................. 1 fr. 75 c.
Cartonné................ 2 fr. 25 c.

Les volumes des années précédentes, sauf 1879, 1881 *et* 1883 *se vendent aux mêmes prix.*

Annuaire Photographique, par *A. Davanne*. 2 vol. in-18, années 1867 et 1868. Chaque volume se vend séparément :
Prix : Broché................ 1 fr. 75.

Aubert. — *Traité élémentaire et pratique de Photographie au charbon*. 2ᵉ édition. In-18 jésus; 1882. 1 fr. 50 c.

Audra. — *Le gélatino-bromure d'argent*. 2ᵉ édition. In-18 jésus; 1884. 1 fr. 75 c.

Baden-Pritchard (H.), Directeur du *Year-Book of Photography*, ancien Secrétaire honoraire de la Société de Photographie d'Angleterre. — **Les ateliers photographiques de l'Europe.** Traduit de l'anglais sur la 2ᵉ édition, par Charles Baye. In-18 jésus, avec figures dans le texte; 1885. 5 fr.

On vend séparément :

Iᵉʳ Fascicule : *Les ateliers de Londres*..... 2 fr. 50 c.
IIᵉ Fascicule : *Les ateliers d'Europe*....... 3 fr. 50 c.

Blanquart-Evrard. — *Intervention de l'art dans la Photographie*. In-12, avec une photographie; 1864. 1 fr. 50 c.

Boivin (F.). — *Procédé au collodion sec*. 3ᵉ édition, augmentée du formulaire de Th. Sutton, des tirages aux poudres inertes (procédé au charbon), ainsi que de notions pratiques sur la Photographie, l'Électrogravure et l'Impression à l'encre grasse. In-18 jés.; 1883. 1 fr. 50 c.

Bulletin de la Société française de Photographie. Grand in-8, mensuel. 31ᵉ année; 1885.

Prix pour un an : Paris et les départements. 12 fr.
Étranger. 15 fr

Bulletin de l'Association belge de Photographie. Grand in-8, mensuel, 12ᵉ année; 1885.

Prix pour un an : France et Union postale. 27 fr.

Les volumes des années précédentes se vendent séparément. 25 fr.

Burton (**W.-K.**). — *A B C de la Photographie moderne*, contenant des instructions pratiques sur le *Procédé sec à la gélatine*. Traduit de l'anglais sur la 3ᵉ édition par G. Huberson. In-18 jésus, avec figures dans le texte; 1884. 2 fr. 25 c.

Chardon (**Alfred**). — *Photographie par émulsion sèche au bromure d'argent pur* (Ouvrage couronné par le Ministre de l'Instruction publique et par la Société française de Photographie). Gr. in-8, avec fig.; 1877. 4 fr. 50 c.

Chardon (**Alfred**). — *Photographie par émulsion sensible, au bromure d'argent et à la gélatine*. Grand in-8, avec figures; 1880. 3 fr. 50 c.

Clément (**R.**). — *Méthode pratique pour déterminer exactement le temps de pose en Photographie*, applicable à tous les procédés et à tous les objectifs, indispensable pour l'usage des nouveaux procédés rapides. 2ᵉ édition. In-18; 1884. 1 fr. 50 c.

Cordier (**V.**). — *Les insuccès en Photographie; causes et remèdes*. 5ᵉ édit. avec fig. In-18 jésus; 1885. 1 fr. 75 c.

Davanne. — *La Photographie. Traité théorique et pratique*. 2 volumes grand in-8. (*Sous presse.*)

Davanne. — *Les Progrès de la Photographie*. Résumé comprenant les perfectionnements apportés aux divers procédés photographiques pour les épreuves négatives et les épreuves positives, les nouveaux modes de tirage des épreuves positives par les impressions aux poudres colorées et par les impressions aux encres grasses. In-8; 1877. 6 fr. 50 c.

Davanne. — *La Photographie, ses origines et ses applications*. Grand in-8, avec figures; 1879. 1 fr. 25 c.

Davanne. — *La Photographie appliquée aux Sciences*. Grand in-8; 1881. 1 fr. 25 c.

Davanne. — *Notice sur la vie et les travaux de Poitevin*. In-8, avec figures; 1882. 75 c.

Derosne (**Ch.**). — *La Photographie pour tous*. Traité élémentaire des nouveaux procédés. Orné d'une phototypie. Grand in-8; 1882. 3 fr.

Ducos du Hauron (**H. et L.**). — *Traité pratique de la Photographie des couleurs* (Héliochromie). Description des moyens d'exécution récemment découverts. In-8; 1878. 3 fr.

Dumoulin. — *Manuel élémentaire de Photographie au collodion humide*. In-18 jésus, avec figures. 1 fr. 50 c.

Dumoulin. — *Les Couleurs reproduites en Photographie*. Historique, théorie et pratique. In-18 jésus. 1 fr 50 c.

Eder (**Dʳ**), Membre de l'Institut polytechnique de Vienne. — *Théorie et pratique du procédé au gélatino-*

bromure d'argent. Traduction française de la 2e édition allemande par H. Colard et O. Campo, membres de l'association belge de Photographie. Grand in-8, avec portrait de l'auteur et 58 fig. dans le texte; 1883. 6 fr.

Fabre (C.). — *La Photographie sur plaque sèche. — Émulsion au coton-poudre avec bain d'argent.* In-18 jésus; 1880. 1 fr. 75 c.

Fortier (G.). — *La Photolithographie, son origine, ses procédés, ses applications.* Petit in-8, orné de planches, fleurons, culs-de-lampe, etc., obtenus au moyen de la Photolithographie; 1876. 3 fr. 50 c.

Geymet. — *Traité pratique de Photographie* (Éléments complets, Méthodes nouvelles, Perfectionnements), suivi d'une Instruction sur le *procédé au gélatinobromure.* 3e édition. In-18 jésus; 1885. 4 fr.

Geymet. — *Traité pratique de Photolithographie et de Phototypie.* 2e tirage. In-18 jésus; 1882. 5 fr.

Geymet. — *Traité pratique de gravure héliographique et de galvanoplastie.* 3e éd. In-18 jésus; 1885. 3 fr. 50 c.

Geymet. — *Traité pratique des émaux photographiques. Secrets* (tours de main, formules, palette complète, etc.) *à l'usage du photographe émailleur sur plaques et sur porcelaines.* 3e édition. In-18 jésus. (*Sous presse.*)

Geymet. — *Traité pratique de Céramique photographique.* Épreuves irisées or et argent (Complément du *Traité des émaux photographiques*). In-18 jésus; 1885. 2 fr. 75 c.

Geymet. — *Traité pratique du procédé au gélatinobromure.* In-18 jésus; 1885. 1 fr. 75 c.

Geymet. — *Éléments du procédé au gélatinobromure.* In-18 jésus; 1882. 1 fr.

Godard (E.), Artiste peintre décorateur. — *Traité pratique de peinture et dorure sur verre. Emploi de la lumière; application de la Photographie.* Ouvrage destiné aux peintres, décorateurs, photographes et artistes amateurs. In-18 jésus; 1885. 1 fr. 75 c.

Hannot (le capitaine), Chef du service de la Photographie à l'Institut cartographique militaire de Belgique. — *Exposé complet du procédé photographique à l'émulsion* de M. Warnercke, lauréat du Concours international pour le meilleur procédé au collodion sec rapide, institué par l'Association belge de Photographie en 1876. In-18 jésus; 1880. 1 fr. 50 c.

Huberson. — *Formulaire de la Photographie aux sels d'argent.* In-18 jésus; 1878. 1 fr. 50 c.

Huberson. — *Précis de Microphotographie.* In-18 jésus, avec figures dans le texte et une planche en photogravure; 1879. 2 fr.

Journal de l'Industrie photographique, *Organe de la*

Chambre syndicale de la Photographie. Grand in-8, mensuel. 6e année; 1885.

Prix pour un an : Paris, France, Étranger. 7 fr.

Klary, Artiste photographe. — *L'éclairage des portraits photographiques*. Emploi d'un écran de tête, mobile et coloré. 5e édition. Gr. in-8, avec 2 pl.; 1878. 2 fr.

Monckhoven (Dr Van). — *Traité général de Photographie*, suivi d'un chapitre spécial sur le *gélatino-bromure d'argent*. 7e éd., nouveau tirage. Grand in-8, avec planches et figures intercalées dans le texte; 1884. 16 fr.

Moock. — *Traité pratique complet d'impressions photographiques aux encres grasses et de phototypographie et photogravure*. 2e édition, beaucoup augmentée. In-18 jésus; 1877. 3 fr.

Odagir (H.). — *Le Procédé au gélatino-bromure*, suivi d'une Note de M. Milson sur les clichés portatifs et de la traduction des Notices de M. Kennett et du Rév. G. Palmer. In-18 jésus, avec figures dans le texte. 3e tirage; 1885. 1 fr. 50 c.

O'Madden (le Chevalier C.). — *Le Photographe en voyage*. Emploi du gélatino-bromure. — Installation en voyage. Bagage photographique. In-18; 1882. 1 fr.

Pélegry, Peintre amateur, Membre de la Société photographique de Toulouse. — *La Photographie des peintres, des voyageurs et des touristes. Nouveau procédé sur papier huilé*, simplifiant le bagage et facilitant toutes les opérations, avec indication de la manière de construire soi-même les instruments nécessaires. 2e tirage. In-18 jésus, avec un spécimen; 1885. 1 fr. 75 c.

Perrot de Chaumeux (L.). — *Premières Leçons de Photographie*. 4e édition, revue et augmentée. In-18 jésus, avec figures; 1882. 1 fr. 50 c.

Pierre Petit (Fils). — *La Photographie artistique. Paysages. Architecture. Groupes* et *Animaux*. In-18 jésus; 1883. 1 fr. 25 c.

Pierre Petit (Fils). — *Manuel pratique de Photographie*. In-18 jésus, avec figures dans le texte; 1883. 1 fr. 50 c.

Pierre Petit (Fils). — *La Photographie industrielle*. Vitraux et émaux. Positifs microscopiques. Projections. Agrandissements. Linographie. Photographie des infiniment petits. Imitations de la nacre, de l'ivoire, de l'écaille. Éditions photographiques. Photographie à la lumière électrique, etc. In-18 jésus; 1883. 2 fr. 25 c.

Piquepé (P.). — *Traité pratique de la Retouche des clichés photographiques*, suivi d'une *Méthode très détaillée d'émaillage* et de *Formules* et *Procédés divers*. In-18 jésus, avec deux photoglypties; 1881. 4 fr. 50 c.

Pizzighelli et Hübl. — *La Platinotypie. Exposé théorique et pratique d'un procédé photographique aux sels de platine, permettant d'obtenir rapidement des épreuves inaltérables*. Traduit de l'allemand par Henry Gauthier-Villars. In-8, avec planche spécimen; 1883. 3 fr. 50 c.

Poitevin (A.). — *Traité des impressions photographiques*; suivi d'Appendices relatifs aux procédés usuels *de Photographie négative et positive sur gélatine, d'héliogravure, d'hélioplastie, de photolithographie, de phototypie, de tirage au charbon, d'impressions aux sels de fer*, etc., par M. Léon Vidal. In-18 jésus, avec un portrait phototypique de Poitevin. 2ᵉ édition, entièrement revue et complétée; 1883. 5 fr.

Radau (R.). — *La Lumière et les climats*. In-18 jésus; 1877. 1 fr. 75 c.

Radau (R.). — *Les radiations chimiques du Soleil*. In-18 jésus; 1877. 1 fr. 50 c.

Radau (R.). — *Actinométrie*. In-18 jésus; 1877. 2 fr.

Radau (R.). — *La Photographie et ses applications scientifiques*. In-18 jésus; 1878. 1 fr. 75 c.

Robinson (H.-P.). — *De l'effet artistique en Photographie. Conseils aux Photographes sur l'art de la composition et du clair obscur*. Traduction française de la 2ᵉ édition anglaise, par Hector Collard, Membre de l'Association belge de Photographie. Grand in-8; 1885. 3 fr. 50 c.

Rodrigues (J.-J.), Chef de la Section photographique et artistique (Direction générale des travaux géographiques du Portugal). — *Procédés photographiques et méthodes diverses d'impressions aux encres grasses*, employés à la Section photographique et artistique. Grand in-8; 1879. 2 fr. 50 c.

Roux (V.), Opérateur. — *Manuel opératoire pour l'emploi du procédé au gélatinobromure d'argent*. Revu et annoté par M. Stéphane Geoffray. 2ᵉ édition augmentée de nouvelles Notes. In-18; 1885. 1 fr. 75 c.

Roux (V.). — *Traité pratique de la transformation des négatifs en positifs servant à l'héliogravure et aux agrandissements*. In-18; 1881. 1 fr.

Roux (V.). — *Traité pratique de Zincographie*. Photogravure, Autogravure, Reports, etc. In-18 jésus; 1885. 1 fr. 25 c.

Russel (C.). — *Le Procédé au Tannin*, traduit de l'anglais par M. Aimé Girard. 2ᵉ éd. In-18 jésus, avec fig. 2 fr. 50 c.

Sauvel (Ed.), Avocat au Conseil d'État et à la Cour de cassation. — *Des œuvres photographiques et de la protection légale à laquelle elles ont droit*. In-18; 1880. 1 fr. 50 c.

Spiller (A.). — *Douze leçons élémentaires de Chimie photographique*. Traduit de l'anglais par M. Hector Colard. Grand in-8; 1883. 2 fr.

Trutat (E.). — *La Photographie appliquée à l'Archéologie; Reproduction des Monuments, Œuvres d'art, Mobilier, Inscriptions, Manuscrits*. In-18 jésus, avec cinq photolithographies; 1879. 2 fr. 50 c.

Trutat (E.). — *Traité pratique de Photographie sur papier négatif par l'emploi de couches de gélatinobromure d'argent étendues sur papier.* In-18 jésus, avec figures dans le texte et 2 planches spécimens; 1883. 3 fr.

Trutat (E.). — *La Photographie appliquée à l'Histoire naturelle.* In-18 jésus, avec 58 belles figures dans le texte et 5 planches specimens en phototypie, d'Anthropologie, d'Anatomie, de Conchyologie, de Botanique et de Géologie; 1884. 4 fr. 50 c

Vidal (Léon), Officier de l'Instruction publique, Professeur à l'École nationale des Arts décoratifs. — *Traité pratique de Photographie au charbon*, complété par la description de divers *Procédés d'impressions inaltérables* (*Photochromie et tirages photomécaniques*). 3e édition. In-18 jésus, avec une planche spécimen de Photochromie et 2 planches spécimens d'impression à l'encre grasse; 1877. 4 fr. 50 c.

Vidal (Léon). — *Traité pratique de Phototypie, ou Impression à l'encre grasse sur couche de gélatine.* In-18 jésus, avec belles figures sur bois dans le texte et spécimens; 1879. 8 fr.

Vidal (Léon). — *La Photographie appliquée aux arts industriels de reproduction.* In-18 jésus, avec figures, 1880. 1 fr. 50 c.

Vidal (Léon). — *Traité pratique de Photoglyptie*, avec et sans presse hydraulique. In-18 jésus, avec 2 planches photoglyptiques hors texte et nombreuses gravures dans le texte; 1881. 7 fr.

Vidal (Léon). — *Calcul des temps de pose et Tables photométriques*, pour l'appréciation des temps de pose nécessaires à l'impression des épreuves négatives à la chambre noire, en raison de l'intensité de la lumière, de la distance focale, de la sensibilité des produits, du diamètre du diaphragme et du pouvoir réducteur moyen des objets à reproduire. 2e édition. In-18 jésus, avec tables; 1884. Broché 2 fr. 50 c.
Cartonné 3 fr. »

Vidal (Léon). — *Photomètre négatif*, avec une Instruction. Renfermé dans un étui cartonné. 5 fr.

Vidal (Léon). — *Manuel du touriste photographe.* 2 volumes in-18 jésus, avec nombreuses figures, se vendant séparément :

Ire Partie : Couches sensibles négatives. — Objectifs. — Appareils portatifs. — Obturateurs rapides. — Pose et Photométrie. — Développement et fixage. — Renforçateurs et réducteurs. — Vernissage et retouche des négatifs; 1885. 6 fr.

IIe Partie. (*Sous presse.*)

Vieuille (B.). — **Guide pratique du photographe amateur.** In-18 jésus; 1885. 2 fr.

MANUEL

DE

TÉLÉGRAPHIE PRATIQUE,

Par R.-S. CULLEY.

Traduit de l'anglais sur la 7e édition et annoté

PAR

M. Henri BERGER,
Ancien Élève de l'École Polytechnique, Directeur-Ingénieur des lignes télégraphiques;

M. Paul BARDONNAUT,
Ancien Élève de l'École Polytechnique, Directeur des postes et télégraphes.

Un beau Volume grand in-8, xi-659 pages, avec 251 figures dans le texte et 7 grandes planches; 1882.

Prix : *Broché*, 18 fr. — *Cartonné à l'anglaise*, 20 fr.

En Angleterre, l'excellent Ouvrage de Culley a obtenu un succès si complet qu'il est parvenu en quelques années à sa 7e édition; conçu dans un esprit éminemment pratique, il présente sous une forme simple et claire le résumé de toutes les connaissances nécessaires au personnel télégraphique, auquel il s'adresse plus spécialement. Sans entrer dans des développements purement scientifiques, le *Manuel* de Culley ne laisse de côté aucune des brillantes découvertes de la télégraphie moderne.

Les inventions et les perfectionnements pratiques qui se sont produits dans ces dernières années, surtout pour ce qui regarde les méthodes de transmission rapide en duplex et en quadruplex, et qui ont apporté des modifications profondes dans le service télégraphique, occupent dans cet Ouvrage une place proportionnée à l'importance de ces divers sujets.

La traduction que nous annonçons aujourd'hui rendra en France un réel service à tous les employés soucieux de leur instruction professionnelle et à toutes les personnes qui s'occupent de télégraphie; c'est dans cette pensée que M. le Ministre des Postes et des Télégraphes a bien voulu encourager dans leur travail MM. Berger et Bardonnaut, auteurs de cette traduction, et honorer l'édition française d'une souscription.

Dans le but de fournir aux lecteurs tous les renseignements dont ils peuvent avoir besoin, on a introduit dans l'édition française plusieurs additions importantes.

Ainsi, l'appareil Hughes, dont l'auteur anglais, resserré dans les limites de son *Manuel*, ne pouvait donner qu'une description sommaire, a reçu tout le développement que comporte son emploi en France. — Lors de l'apparition de l'Ouvrage de M. Culley, l'appareil Baudot était encore peu connu; les traducteurs ont été heureux de pouvoir reproduire une description complète de ce merveilleux appareil, qui rend déjà tant de services à l'Administration française. — Enfin, les additions comprennent également les descriptions détaillées des appareils Breguet et Mayer, ainsi que l'exposé de l'organisation et du mode de fonctionnement des réseaux téléphoniques, et de la télégraphie pneumatique et optique.

COURS D'ASTRONOMIE

DE L'ÉCOLE POLYTECHNIQUE;

PAR

M. H. FAYE,

Membre de l'Institut et du Bureau des Longitudes.

Deux beaux volumes grand in-8,

avec nombreuses figures et Cartes dans le texte se vendant séparément :

Ire PARTIE : *Astronomie sphérique. — Géodésie et Géographie mathématique*; 1881.............. **12 fr. 50 c.**

IIe PARTIE : *Astronomie solaire. — Théorie de la Lune. — Navigation*; 1883........................ **14 fr.**

goût ou en raison de leur profession, s'intéressent à cette branche de la Physique, nous avons entrepris le travail que nous offrons au public. L'Œuvre de M. F. Jenkin a été fidèlement respectée; mais il nous a paru utile d'ajouter à la fin de l'Ouvrage plusieurs Notes qui en faciliteront la lecture.

Titres des Chapitres. (Pages 1-452.)

Titres des Notes ajoutées. (Pages 453-620.)

HISTOIRE
DES
SCIENCES MATHÉMATIQUES
ET PHYSIQUES,

PAR

M. MAXIMILIEN MARIE,

Répétiteur de Mécanique
et Examinateur d'admission à l'École Polytechnique.

PETIT IN-8, CARACTÈRES ELZÉVIRS, TITRE EN DEUX COULEURS.

TOME I. — 1re Période. De *Thalès à Aristarque*. — 2e Période. D'*Aristarque à Hipparque*. — 3e Période. D'*Hipparque à Diophante*; 1883 .... 6 fr.
TOME II. — 4e Période. De *Diophante à Copernic*. — 5e Période. De *Copernic à Viète*; 1883 .... 6 fr.
TOME III. — 6e Période. De *Viète à Kepler*. — 7e Période. De *Kepler à Descartes*; 1883 .... 6 fr.
TOME IV. — 8e Période. De *Descartes à Cavalieri*. — 9e Période. De *Cavalieri à Huygens*; 1884 .... 6 fr.
TOME V. — 10e Période. De *Huygens à Newton*. — 11e Période. De *Newton à Euler*; 1884 .... 6 fr.
TOME VI. — 11e Période. De *Newton à Euler* (suite); 1885 .... 6 fr.
TOME VII. — 11e Période. De *Newton à Euler* (suite); 1885 .... 6 fr.

Les autres périodes paraîtront successivement, en 2 ou 3 volumes analogues aux tomes précédents. [*Euler à Lagrange, Lagrange à Laplace, Laplace à Fourier, Fourier à Arago, Arago à Abel et aux géomètres contemporains*].

Préface.

L'Histoire que j'ai désiré écrire est celle de la filiation des idées et des méthodes scientifiques.

Il ne faut donc chercher dans cet Ouvrage ni tentatives de restitutions de faits inconnus ou d'Ouvrages perdus, ni découvertes bibliographiques, ni discussions sur les faits incertains ou les dates douteuses, ni hypothèses sur la science des peuples qui ne nous ont transmis aucun monument certain de leur savoir. Je suis très éloigné de croire inutiles ou chimériques les recherches dirigées dans l'un des sens que je viens d'indiquer, mais enfin je ne m'en suis pas occupé.

Il n'est pas nécessaire qu'un même Ouvrage contienne tout ce qu'il était possible d'y mettre, il y en a d'autres; l'important est qu'il contienne des choses utiles, qui ne se trouvent pas ailleurs.

Je ne sais si j'ai atteint le but que je me proposais; tout ce que je puis dire, c'est que j'ai toujours rêvé d'écrire ce livre, et qu'il y a quarante ans que je m'en occupe. M. Marie.

Les histoires de Montucla et de Bossut, quoique excellentes, laissaient à désirer sous ce rapport que l'on y trouvait bien tous les faits à leur place et tous les noms des inventeurs, mais non l'indication des méthodes par lesquelles ces faits avaient été découverts et ensuite mis hors de doute. Au contraire, Delambre, dans son histoire de l'Astronomie, entre peut-être dans trop de détails. Les extraits qu'il donne de tous les Ouvrages d'Astronomie forment plutôt une bibliothèque qu'une histoire; l'auteur n'y paraît pas assez; il a l'autorité, on voudrait le voir en user. L'Auteur de cet Ouvrage s'est efforcé de rester dans un juste milieu. Il a cherché à se pénétrer de l'esprit et des idées des pères de la Science; il leur fait, autant que possible, parler leur langage, il montre autant qu'il le peut la voie qu'ils ont suivie pour arriver à leurs découvertes, mais il ne craint pas d'engager sa responsabilité dans l'analyse qu'il donne de leurs travaux.

Une histoire peut prendre fin n'importe où; mais l'auteur de celle-ci l'a continuée jusqu'à 1830. Elle est divisée en périodes qui prennent naissance avec les découvertes les plus importantes et les changements les plus considérables apportés dans la méthode. Chaque période s'ouvre par une analyse générale des progrès qui y sont accomplis. Elle se termine par la biographie des savants de cette période et l'analyse de leurs travaux. Ce mode de division a l'avantage que tous les travaux d'un même savant se trouvent réunis de façon qu'on peut les embrasser d'un seul coup d'œil. La division par chapitres de la Science paraît, au premier abord, plus logique; elle l'est cependant moins, parce qu'en réalité toutes les Sciences s'aident mutuellement, de façon que les progrès de l'une dépendent souvent des progrès de toutes les autres et éclatent simultanément dans les mêmes grands esprits. Ce serait, par exemple, un meurtre de détailler Huygens, le plus universel des savants illustres, en un géomètre, un mathématicien, un mécanicien, un horloger, un machiniste, un astronome, un physicien, un expérimentateur, etc., etc.

L'auteur a eu la bonne fortune que trois savants, qui se sont occupés d'histoire, M. Rouché, M. Léon Rodet et M. Charles Henry, ont bien voulu revoir les épreuves de son livre. Ils lui ont fait de précieuses observations, dont il s'est empressé de profiter. Il les remercie ici de leur bienveillant concours.

LES

ORGANISMES VIVANTS

DE

L'ATMOSPHÈRE

Étude sur les semences aériennes des moisissures et des bactéries, sur les procédés usités pour récolter, isoler, compter et cultiver ces deux classes de microbes, et sur l'application de ces recherches à l'hygiène générale des villes et des asiles hospitaliers,

PAR M. P. MIQUEL,
Docteur ès sciences, Docteur en Médecine
Chef du Service micrographique à l'Observatoire de Montsouris

Un beau volume grand in-8, avec 86 figures dans le texte, 2 planches gravées sur acier, et de nombreux tableaux de statistique microscopique; 1883.— Prix : 9 fr. 50 c.

L'importance de l'étude des microbes atmosphériques est aujourd'hui reconnue par tous et l'on ne conteste plus les services que cette branche de la Science rend à la Médecine, à la Chirurgie, à l'Hygiène comme à l'étiologie des maladies infectieuses et à l'épidémicité.

Le Livre de M. le Dr Miquel, fruit de patientes recherches exécutées depuis sept années à l'Observatoire de Montsouris, initie le lecteur au monde invisible des germes voltigeant sans cesse dans l'atmosphère. Après un historique impartial des travaux de micrographie ancienne, exécutés depuis Ehrenberg jusqu'à nos jours, l'Auteur aborde l'exposition des procédés très simples et la description des appareils *aéroscopiques* destinés à recueillir et à montrer les semences cryptogamiques des moisissures répandues en abondance parmi les sédiments atmosphériques; l'Auteur discute ensuite le mérite respectif de chaque instrument, depuis l'appareil primitif inventé par Pouchet jusqu'aux aéroscopes installés actuellement à l'Observatoire de Montsouris. Cela fait, plusieurs paragraphes sont spécialement consacrés aux organismes de l'air, faciles à discerner avec le secours des grossissements vulgaires, aux pollens, aux grains d'amidon, aux spores des mucédinées, des algues, des lichens, etc., au dénombrement de ces mêmes cellules, aux lois qui régissent leur apparition et leur disparition, aux causes qui provoquent leurs recrudescences subites ou progressives, etc. Mais c'est surtout l'histoire des germes aériens des bactéries qui a paru à M. Miquel demander le plus de développement. Après un aperçu des travaux de MM. Pasteur, Tyndall et de plusieurs autres savants sur cette matière, un long Chapitre traite de la nature et de la physionomie des bactéries peuplant les atmosphères libres et confinées, des espèces microbiques communes et des formes diverses qu'elles peuvent adopter momentanément en laissant alors le champ ouvert aux illusions; cette partie, comme toutes d'ailleurs, est essentiellement pratique. Dans les Chapitres qui suivent, l'Auteur développe les procédés de fabrication et les modes de stérilisation des liquides propres au rajeunissement et à la culture des bactéries.

Les derniers Chapitres sont surtout affectés à l'exposition des résultats de la statistique des germes tenus en suspension dans l'air du parc de Montsouris, du centre de Paris, des égouts, des habitations, des hôpitaux, des régions élevées de l'atmosphère. Comme pour les spores des moisissures, il existe des lois générales qui régissent la diffusion des semences infiniment petites de bactéries; leur détermination et leur étude font l'objet de plusieurs paragraphes d'un grand intérêt· car on ne découvrira des mesures prophylactiques efficaces contre l'invasion des microbes qu'en mettant en œuvre les méthodes indiquées par l'expérience: soit pour fixer les bactéries, soit pour les faire disparaître des lieux où elles peuvent s'accumuler, s'éterniser ou prendre naissance et pulluler. Le parallélisme manifeste entre le chiffre des décès observés à Paris par les maladies dites *zymotiques* et le nombre des germes récoltés à la rue de Rivoli est un fait dont l'Auteur fait ressortir l'importance. Enfin, dans le Chapitre IX et dernier, on classe les diverses substances antiseptiques suivant leur puissance d'action déterminée par une longue suite de recherches expérimentales.

successifs. Un Cours de Travaux pratiques doit donc êt l'écho et le complément des leçons de Physique généra données *ex professo;* ce sera une gymnastique de l'espr non moins que des doigts. A ce point de vue, un Traité Manipulations présente une utilité incontestable : acco dant au Manuel opératoire une part plus large que peut le faire un livre purement théorique, il fournit jeune physicien des indications pratiques très précieuse en même temps qu'il lui procure les moyens d'analys et de discuter les procédés d'observation et de mesure.

Telles sont les idées qui ont présidé à la compositi de cet Ouvrage.

Ancien élève du laboratoire de M. Desains, je n'ai qu'à me ressouvenir. J'ai aussi consulté avec fruit *Leitfaden der praktischen Physik* de M. Kohlrausch, ain que le *Traité de Manipulations* que Henri Buignet a éc pour ses élèves de l'École de Pharmacie. Mais c'est surto en m'inspirant des besoins et de l'expérience de mon e seignement à la Faculté catholique des Sciences de Lil que j'ai tracé le plan et coordonné les détails de ce Livr

Toutes les manipulations qui le composent sont réd gées sur un modèle uniforme. Une *Introduction théoriq* très succincte pose la question à étudier, donne le sens d notations adoptées, et indique les solutions par les fo mules établies dans le Cours de Physique. Vient ensui sous la rubrique *Description*, un examen rapide des in truments nécessaires à la manipulation; des gravures, e pruntées pour la plupart à l'excellent Traité de MM. Jam et Bouty ou mises à notre disposition par nos constru teurs, permettent à l'élève de suivre sans peine les exp cations données dans le texte, d'y suppléer au besoin de reproduire la disposition d'ensemble des appareils.

Le *Manuel opératoire* a été l'objet de tous mes soin j'ai cherché à être très précis sans devenir trop lac nique. Chaque exercice aboutit à une mesure : les résu tats numériques exacts sont indiqués à la fin de chaq Chapitre et réunis dans un Tableau synoptique. Tou ces expériences sont réalisables avec les ressources or naires d'un laboratoire de Faculté : j'ai pris comme ty le cabinet de Physique organisé à Lille par M. Cha tard; il peut être proposé pour modèle.

Mon ambition a été de condenser tous les détails pr tiques épars dans les Mémoires originaux : des notes bliographiques indiquent les sources auxquelles j'ai pui il sera facile d'y remonter au besoin. Je n'ai guère passé le cercle des collections qui composent les bibli thèques de laboratoire.

Je ne regretterai pas mes peines, si ce Livre peut, m gré ses imperfections, contribuer à former de soli licenciés et à préparer les jeunes gens aux recherches p approfondies qui conduisent au doctorat.

AIMÉ WITZ.

11147 Paris. — Imp. GAUTHIER-VILLARS, quai des Augustins, 5

www.ingramcontent.com/pod-product-compliance
Ingram Content Group UK Ltd.
Pitfield, Milton Keynes, MK11 3LW, UK
UKHW022058190726
13855UKWH00002B/537